深度决策

[英]约瑟夫·比卡特 —— 著 黄延峰 —— 译

世界图书出版公司
北京·广州·上海·西安

图书在版编目（CIP）数据

深度决策 / (英)约瑟夫·比卡特著；黄延峰译. —北京：世界图书出版有限公司北京分公司，2020.12
ISBN 978-7-5192-7912-7

Ⅰ.①深… Ⅱ.①约… ②黄… Ⅲ.①决策(心理学) Ⅳ.①B842.5

中国版本图书馆CIP数据核字(2020)第185130号

The Art of Decision Making: How we Move from Indecision to Smart Choices
All Rights Reserved
Copyright © Joseph Bikart 2019
First published in the UK and USA in 2019 by Watkins, an imprint of Watkins Media Ltd
www.watkinspublishing.com
Simplified Chinese rights arranged through CA-LINK International LLC (www.ca-link.cn)

书　　名	深度决策 SHENDU JUECE
著　　者	[英]约瑟夫·比卡特
译　　者	黄延峰
责任编辑	刘　虹　尹天怡
特约编辑	王玉春
封面设计	林阿龙
出版发行	世界图书出版有限公司北京分公司
地　　址	北京市东城区朝内大街137号
邮　　编	100010
电　　话	010-64038355（发行）　64037380（客服）　64033507（总编室）
网　　址	http://www.wpcbj.com.cn
邮　　箱	wpcbjst@vip.163.com
销　　售	各地新华书店
印　　刷	天津创先河普业印刷有限公司
开　　本	880 mm × 1230 mm　1/32
印　　张	9
字　　数	160千字
版　　次	2020年12月第1版
印　　次	2020年12月第1次印刷
版权登记	01-2020-4404
国际书号	ISBN 978-7-5192-7912-7
定　　价	49.00元

如有质量或印装问题，请拨打售后服务电话010-82838515

致 读 者

　　本书的论证是连续的，读者最好能通读全文。然而，与任何长途旅行一样，路标对旅行肯定会有帮助。书中不时出现的"路标"（"决策向导"版块）强调了日常生活中的一些与实际决策有关的要点。这些要点也是便于应用的小技巧。

　　此外，本书还包括五篇关于关键技能的短文，它们由生活方式作家迈克·安斯利（Mike Annesley）撰写。其目的是提供与正文论点相一致的实用决策指南。根据带有哲学色彩的看法，它们应该被看作对前文的补充或与之对立的内容，而不是对其的直接说明。这些短文旨在反映前面章节中提出的一些要点。每篇短文都以引用书中正文内容的一句话为开头。

序　言

> 人类的自由涉及在刺激和反应之间停顿的能力，在这种停顿中，我们可以选择一种自己希望施加影响的反应。
>
> ——心理学家罗洛·梅（Rollo May）

不论是在你的个人生活还是职业生涯中，你今天所处的位置都是你曾经所做决定的结果。你将来会走到哪一步取决于你即将做出的决定。

我们生活的各个方面似乎都在逃避这一现实。例如，我们的健康深受基因的影响，但也取决于我们选择的生活方式，如吃什么食物，做什么运动。

有时我们的人生之路会被突发的事件打断，使我们偏离自己所选择的道路。即使这样，决定我们命运的还是自身对此类事件的反应，而不是事件本身。

生活的方方面面都取决于你的决定。然而，你隔多长时间才会停下来反思一下自己做出明智选择的能力？如果你的回答是"很久"，那你是有许多同伴的。

最早告诉我的朋友和客户我正在写一本有关决策的书时，这个消息引起了两种反应，一种是：

"我极其需要这个。快点写吧！"

另一种反应则是：

"我知道确实有人需要这个。"这里提到的"有人"一般指的是他们的伴侣、同事、老板、女婿等。

我们每个人都会不时地面对一些具有挑战性的决策，尽管这些决策的频率和强度可能不同。这并非承认我们软弱或能力不足。相反，这些面对挑战性决策的时刻恰恰表明我们适得其所。这是一种迹象，表明我们正处于一个令人不安但也可能促使我们竭尽全力去做决策，并有助于我们成长的进程中。一个不存在挑战性决策的世界将是非常沉闷和令人厌倦的。

真正的问题不在于我们是否面临这样的选择,而在于面临这样的选择时我们该如何应对。这是我们将要共同探索的领域。

本书要讲的是深度决策,它关乎人类的决断力,即"为做决定而运用自己意志的能力"。

意志和决定之间的联系是众所周知的。在"有志者,事竟成"的表述中,我们能发现其联系。"有志者,事竟成"的英语表述为"Where there's a will, there's a way",其法语表述为"Vouloir, c'est pouvoir",即"如果你愿意,就能做到"。但我们也知道,自己有时会犯错,而这种联系可能会被打破,导致我们无论多么想要达到某些目的,都很难将意志转化为行动。

因此,最终我们只是得到了一份未曾实现的梦想清单,满心的遗憾令我们质疑自己是否具备做出重要决定的能力。

《深度决策》旨在探索和恢复这种决断力。我在本书的使命是勾画出一幅路线图,使其帮助我们将意志转化成行动。

这不是一本传统意义上的自助手册。书店和互联网站充斥着这样的信息——承诺改变我们,帮助我们摆脱恐惧,让我们更招人喜欢、更成功,让我们的情商更高、身材更苗条、身体更健康等。

在本书中,你找不到一系列预先准备好的答案。相反,你会被问及一些适当的问题。在这方面,本书是启发式的(heuristic,该词来自希腊语"发现"一词)。我的目的是帮助你找到答案,这意味着在解决问题的过程中将促使你进行思考、做出反应和改变。正如诗人莱内·马利亚·里尔克（Rainer Maria Rilke）在《给一个青年诗人的信》（Letters to a Young Poet）中所写：

"对于你心里的一切疑难要多多忍耐，要去爱这些'问题的本身'，像是爱一间锁闭了的房屋，或是一本用别种文字写成的书。现在不要去追求那些你还不能得到的答案，因为你还没有在生活里体验到它们。一切都要亲历生活。现在你就在这些问题里'生活'吧。也许在不知不觉中，你就生活在能解答这些问题的境地了。"

《深度决策》不仅仅适用于那些为自己的决策而苦苦挣扎的人。在做出艰难选择时，并不是所有人都拥有相同的痛苦阈值。然而，无论我们发现做出决策有多么容易或多么困难，其追求都是一样的，因而所采取的方法和使用的工具也是一样的。

本书也是为那些在做决策时没有遇到困难，但之后发现很难接受结果的人准备的。

最后，本书也适用于那些在做决策时根本没有遇到任何问题，但感觉决策的质量会对自己的生活和事业有很大影响的人。最近的研究结果表明，在能提高所谓"高管风度"的因素中，"果断行动"排在第二位。[1] 当其他人认为我们行事果断的时候，会更容易听我们讲，跟我们走。

至于本书涉及的问题与哪些决策有关,答案很简单:那些对你来说重要的决策。无论是应对职业转变、伴侣选择(或决定分道扬镳),还是应对人到中年认为自己"就没有做过正确的决定"而导致的心神不安……这样的例子不胜枚举,但它们都反映了我们的愿望和抱负的多样性。

《深度决策》概述了决策学背后的方法,这是我多年来为帮助那些在重要决策中苦苦挣扎的客户而开发的方法。

决策学有三个目标:

· 改善人们面临的具体决策的结果。
· 帮助人们做出更好的决策。
· 找到那些人们认为特别具有挑战性的决策背后具有共性的东西,并顺藤摸瓜,直到挖出其最深层次的根源。

目 录

引　言 / 1

第一部分　犹豫不决 / 001

第一章　失乐园 / 003

第二章　防御力量 / 010

第三章　投射恐惧 / 022

第四章　透过镜像 / 067

　·关键技能之一　如何管理风险 / 073

　·关键技能之二　如何做到超然 / 076

第二部分　你在哪里？ / 079

第五章　原我的启动者 / 081

第六章　暗藏的密室 / 087

・关键技能之三　如何使用直觉 / 126

第三部分　决断力的动量 / 129

第七章　重中之重 / 131

第八章　决策的心流 / 135

第九章　引擎盖下 / 141

・关键技能之四　如何接受无法改变的和改变无法接受的 / 154

第四部分　决策思维 / 157

第十章　透视问题 / 159

第十一章　决策之间的线 / 198

第十二章　随意志流而动 / 203

第十三章　我们的故事 / 211

第十四章　注意你的措辞 / 221

・关键技能之五　压力之下如何决策 / 238

结　语 / 241

后　记 / 247

注　释 / 253

致　谢 / 265

引　言

2016年4月23日，英国中部腹地埃文河畔斯特拉特福的皇家莎士比亚剧团上演了一部极不寻常的作品。英国一些优秀的莎剧演员相会在舞台上，纪念莎士比亚辞世400周年，而那天也恰好是圣乔治节。

那时，他们没有表演整部戏，甚至没有表演一个完整的场景，而是专注于一段戏文，那段戏文大概可以说是最著名的戏剧台词。充满喜感而引人深思的是，朱迪·丹奇（Judi Dench）、本尼迪克特·康伯巴奇（Benedict Cumberbatch）、哈丽特·瓦尔特（Harriet Walter）、大卫·田纳特（David Tennant），以及伊恩·麦克莱恩（Ian McKellen）爵士都忙于指导当时皇家莎士比亚剧团里哈姆雷特的扮演者帕帕·厄希度（Paapa Essiedu），为了让他能最完美地表达哈姆雷特独白的前10个单词：To be or not to be, that is the question（是存在还是消亡，这是个问题)。

为此,他们每个人都建议新手哈姆雷特只强调一个词,这样通常会有很强烈的喜剧效果(如从蒂姆·明钦的"to be or not to be"开始)。当然,至于是哪一个词,他们的意见并没有达成一致。

最后登上舞台的表演者不是那个演员,而是查尔斯王子——英国王位第一继承人。他是世界舞台上的一位著名"演员",在身份方面,跟哈姆雷特本人还是有些相似的。但在表达这句著名的戏文时,他选择强调的是that is the question的最后一个词question(问题或困惑)。

***

《第一四开本》(First Quarto)是世界上稀有的书籍之一,被安全地藏在伦敦布卢姆斯伯里的大英博物馆的保管库里。《第一四开本》就是在1603年出版的第一版《哈姆雷特》的名字。现在流行的是第三次修改稿的版本。《第一四开本》与之后的版本相比,至少在To be or not to be这段独白的第一句台词的表达上存在重要的差别。

在这个最早的版本中,这句话是:To be, or not to be, I there's the point(是存在,还是消亡,这是症结所在)。看来,这个问题似乎已经得到了回答。To be or not to be,是我们每次选择的起始。有的事情可以简单地归结为"是"或"不是",我们做选择也是如此。

引 言

我们需要决定"是"或"不是"、"生存"或"毁灭",以及"做"或"不做"。

但是,流行版本的独白表明,作为人类,我们面临一个二元性质的决定(1或0、是或否),初始版本却暗示了不同的考虑:重点不是结果[to be(存在)还是not to be(消亡)],而是我们面临一个决定[to be(生存)还是not to be(消亡)]的事实。"我"作为人类的精华,夹在两项命题之间,规定了面临深渊意味着什么。只有当"我"站在那里,面对需要做出的选择,准备好决定生还是死、做还是不做时,"我"才真正存在。

深渊说明了不作为对人类意味着什么。它就像一个黑暗的湖,把一个反向的图像反馈给我们,这是我们作为人类的镜像:是存在还是消亡,在这个模糊的范围内得到中和。

法国哲学家阿尔贝·加缪(Albert Camus)在其哲学随笔集《反抗者》(The Rebel)中描述了一个对世界毫无意义和荒谬的本质做出反应的人,他试图理解世界,并为自己做出正确的选择。加缪问:"谁是反抗者?首先最重要的是,他是一个说'不'的人。但是,他虽然拒绝,却不放弃。他也是一个说'是'的人。"[1]

与决定相反的不是相反的决定,而是放弃:放弃我们的基本能力,放弃我们做决定的责任。引用哲学家马丁·布伯(Martin Buber)的话说:"如果有魔鬼,那他不是一个决定反对上帝的人,而是一个永

远没有决定的人。"²

2年前,我参加了一场由汤森路透基金会举办的会议,其主题为"21世纪的奴隶制"。基金会的首席执行官莫妮可·维拉(Monique Villa)断言:奴隶制是没有决策的生活。该基金会观察到,因为思想的禁锢,那些从奴隶制中解放出来的人失去了做决定的能力。因此,只是给他们自由是不够的,还必须教会他们自己做决定。

决策有能力解放我们。然而,你是否真正可以自由地做出你想要做出的决定,包括选择过你想要的生活?你是否因为他人把想法强加于己而被迫做决定?你是否在按照社会的期望做决定?你会犹豫不决、拖延做决定吗?如果事实证明我们是这样的人,那么我们又该怎样摆脱枷锁呢?这就是我们面临的挑战。

如果答案不是"自助"(在我看来,它会让人联想到一个被忽视的自助高速公路休息区的形象),可能就是"原我自助"。在荣格心理学中,原我①(the Self)指的是我们本身超然而永久的一部分,与自我(ego)相对,自我是当下不断发展的那一部分。我们如果能开始与真正的原我相协调,就可以过上我们在这个世界上真正应该过的生活。

---

① 雷诺斯·K.帕帕多普洛斯.荣格心理学手册[M].周党伟,赵艺敏,译.北京:中国人民大学出版社,2019.——译者注

引 言

作为你这段旅程的自荐导游，我现在要带你踏上探索之旅。你可以把它想象成一次考古任务，比如霍华德·卡特（Howard Carter）和罗德·卡纳冯勋爵（Lord Carnarvon）于20世纪初到埃及的旅程。1922年，他们发现了图坦卡蒙（Tutankhamun）的墓以及大量的宝藏，丰富了我们对古埃及的了解。这项成就的取得是以大量挖掘、尘土飞扬，或许还有最后胜利之前的绝望为代价的！

作为决断力方面的考古学家，我们需要为同样费力的任务做好准备。它涉及承诺和力量，因为我们要挖掘的是心理原型、长期被人遗忘的事件和思维过程，以及根深蒂固的情绪。

在国王谷，霍华德·卡特的主要工具是小铲子和带柄的扫帚，我们的工具则包括反思、哲学、心理学和词源学。

当我开始实施此计划时，会反复思考经常在我的脑海里出现的，如 decision（决定）和 decisive（决定性的）这类词。我发现自己的大脑经常会发生联想式的跳跃，会由上述脑海中出现的词想到 incision（切口）和 incisive（切中要害的）。我突然意识到，这种联系为我们在做决定时会感到痛苦提供了一个理由。

词源学可以证实这一点。Decision 一词的拉丁语词根是 Caedere，字面意思是"切断"。如果决定是要切断我们与其他选择、其他机会、获得更好的结果的可能性之间的联系，并且在某种程度上限制我们的自由，就很好地解释了为什么做决定会如此令人生畏。

同时，我们可以从不同的角度加以审视。或许，一旦我们摆脱了犹豫不决和拖延的束缚，"切断"决策也就可以等同地代表我们获得的自由。

一旦考虑的过程结束，这种"切断"会有助于我们下定决心采取行动。我们只要做出选择，并相应地采取行动，就可以结束考虑的进程，因为我们已经切断了与其他选择的联系。如果决策要为我们服务，我们就必须以积极的意图来执行。过程可能是令人痛苦的，但值得如此。

向更久之前回溯，我注意到古希腊语中decision（决定）这个词与separation（分离）有相同的词根。但它也意味着判断（judgement），有神圣之意，指一种更高层次的、近乎形而上学的决策形式。这让人想起所罗门国王的裁决，当时两位母亲都声称同一个婴儿是自己的孩子。所罗门命令人拿把剑来，宣布："将孩子劈成两半，一家一半。"其中一位母亲认为裁决是公平的，而另一位母亲恳求所罗门："把孩子给她，只是别杀他！"国王认为第二个女人是真正的母亲，因为只要能挽救孩子的生命，那么这位母亲甚至会放弃自己的孩子。在这种情况下，一个看似冷酷无情的决定无形中带来了真正的正义。

这个寓意着决定、分离和判断的古希腊单词到底是什么？我发现自己正盯着词源词典，并有种惊愕的感觉：在古希腊语中，"决定"

这个词不是别的，正是krisis（也是"危机"的意思）。

如果决定是一种危机，那么我们做决定所要付出的努力可能就不会那么令人惊奇了。这可能正是决定希望我们经历的。因此，做决定的最佳方式就是我们应对其他危机的方式（或者至少是我们知道自己应该如何应对的方式），即不是通过惊慌失措、自我怀疑、放弃感觉困难或痛苦的事情，而是专心倾听危机的"心跳"，接纳它并从中吸取教训，以减轻其影响，同时尽可能地将其转化为机会。

请戴上考古学家的"安全帽"，我们现在开始挖掘自己的决策过程，首先探索产生犹豫不决状态的土壤（第一部分），然后再确定我们在决策过程中可能会卡住的地方（第二部分）。这样做的目的是恢复动量（第三部分），以此引导我们做出最明智的选择（第四部分）。

第一部分

犹豫不决

第一章　失乐园

indecision，名词：

缺乏决断力；不能做决定或倾向于经常改变想法；犹豫或不果断。

——《韦氏新世界大学词典》（第四版）

你读这本书可能是出于解决"犹豫不决"的需要。你或许觉得自己在更果断地做出选择方面需要一些帮助，又或许是因为某些好心人向你推荐了此书。

正如上述定义所释，犹豫不决是我们在不想做决定或不能做决定时所处的状态。

这正是我决定建立营地并开始挖掘的地方，确切地说，这正是问题所在。以前的文献对此有过研究,事实上在现实生活中,大多数人都有与犹豫不决相关的特质。

毫无疑问,标志性的人物自然是丹麦人哈姆雷特。尽管收集到的所有证据都证明国王的亲弟弟克劳狄斯(Claudius)害死了国王,他在娶了哈姆雷特的母亲格特鲁德(Gertrude)之后,篡夺了丹麦的王位,但哈姆雷特无法决定用什么方式、在什么时间甚至是否要为他死去的国王父亲报仇。

在陀思妥耶夫斯基(Dostoyevsky)的《地下室手记》(*Notes from the Underground*)中,那位孤独无名的非正统派主角将自己的生活分为"无聊"和"无所事事"两种状态。

然而,关于犹豫不决,极端的典型必定是奥勃洛摩夫(Oblomov),他是伊万·冈察洛夫(Ivan Goncharov)同名小说中的主角。奥勃洛摩夫是一位年轻的俄罗斯贵族,终其一生没有能力去决定什么事情,也无法从事任何有意义的活动。因此,在大部分时间里,他都是待在自己的房间里或床上,他把这归咎于一种罕见的冷漠,并将其称为"奥勃洛摩夫性格"。

上述的所有人物有一个共同点,就是对做决定有种病理性的无能,因此,也就无法采取行动。

在《地下室手记》中,陀思妥耶夫斯基笔下的那位讲述者说他感到无聊的一个原因是他自己不同的观点之间产生了争斗:

第一部分 犹豫不决

"你们知道的,先生们,理性是个好东西。这不可否认,但理性只是理性,只是满足人的理性能力,而决断力才是整个生命的体现。我指的是整个生命,即连同理性和从与之并行不悖的苦恼到抓耳挠腮的整个生命。"[1]

陀思妥耶夫斯基笔下的这位非正统派主角提出的问题是:当我们大脑的不同部分想要两个(或更多)不同的东西时,我们应该怎样做决定?也许你会觉得这是一个现实的场景,因为你很可能在其中找到自己。

决策向导

当我们的两种欲望相互冲突时,可能会导致犹豫不决状态的出现。心和脑的对立是众所周知的,但其他的二元对立也有可能发生,例如工作和玩乐、长期和短期或支付能力和产品性能。运用直觉和逻辑,仔细地权衡真正的优先事项才是最佳的前进之路。

这些人物没有能力做决定或采取行动还存在另外一个原因,即在决定面前存在某些让人感觉舒服的且具有欺骗性的东西。通过不做决定,"我"得以进入一个虚拟现实的神奇世界,在这个世界里,两个相互矛盾的选项可以愉快地共存。既然"我"还没有做决定,也就没有把自己与任何选择相隔绝。"我"生活在这样一种令人安慰的错觉中:仍然存在选择的可能。

在《无能为力的感觉》(The Feeling of Powerlessness)一书中,精神分析家和哲学家埃里克·弗罗姆(Erich Fromm)描写了一位有天赋的作家——他想为世界文坛贡献一本最重要的书。这位作家尽管对自己要写什么只有一点点想法,却喜欢幻想他的书出版后将会有什么影响。他让朋友们认为自己已经为这本书忙活7年了,但实际上一个字都没有写。弗罗姆思忖:"这样的人年龄越大,就越会执迷于自己总有一天会做到的错觉。"[2]

芝加哥大学和杜克大学的研究结果表明,我们尽管知道拒绝做选择会适得其反,但还是常常非理性地这样做。杜克大学的丹·艾瑞里(Dan Ariely)说:"关闭选择的大门被认为是一种损失,而人愿意为避免这种情绪上的损失付出代价。"[3]

当处于无法做决定的处境时,我们要么是被摆在面前的各种选择所束缚,要么是拣省事的途径,径直把它们都搁置起来,以供将来考虑。前者往往导致后者的出现。

不过，让我们更深入地挖掘一下，是什么让我们从一开始就做出这样的反应？引致"危机"那类的决策指的是什么决策？

我们最好记住"决定"一词的希腊语词根的意思是"分离"，其拉丁语词根的意思是"切断"。这只跟我们与其他选择的分离有关，还是与犹豫不决的状态有关？或者还有比这更多的含义吗？这种分离能反映一种更深层次的、内在的心理现实吗？

荣格派精神分析治疗师詹姆斯·霍利斯（James Hollis）表示："在任何关系中的主要动机、隐藏的议程都是对回归的渴望。"[4]我认为这并不限于形容两个人之间的关系，也适用于我们与自己的关系。由决策产生的问题是：你们想要什么？你们之中哪些人会想要这个？你们之中哪些人会阻止此决策？当我们谈论这个话题时，有人确切地知道自己想要什么吗？这些问题被用来测试我们最基本的关系。

对霍利斯来说，"渴望回归"是一种创伤，它深深地刻在我们人类的基因中。"不论过去和现在，所有族群都有各自关于失乐园的神话。……也许这个部落的记忆只是我们出生创伤的神经全息图，我们永远无法完全康复。"[5]

我们发现失乐园的主题在大多数童话中出现过。在这些故事中，主角们想要回到的不是伊甸园，而是皇宫（如《白雪公主》），或是舒适的家庭住宅（如《小红帽》），或是被送到楼下居住（如《灰姑娘》《哈利·波特》）后的那个舒适住宅的一部分。

在《魔法的使用》(The Uses of Enchantment)一书中，布鲁诺·贝特尔海姆(Bruno Bettelheim)探讨了童话故事在精神分析方面的意义和广泛的积极影响，而这些故事都是在我们最容易受影响时别人读给我们听的。他还警告我们要预防不完全接受远离天堂般的伊甸园的危险。

他认为退回到这种乐园般的状态有损我们的独立性和个性化。根据卡尔·荣格(Carl Jung)的说法，这个过程是将无意识(个人和集体)融入意识中并形成原我的过程。为了发展，我们需要改变，而改变意味着放弃我们以前喜欢的东西。这些故事也告诉我们不要害怕摆脱对他人的依赖。虽然向新生活方式过渡的时期可能很艰难，但我们之后会变得更富有和更快乐。贝特尔海姆说："那些不愿冒这种转变风险的人，永远不可能建立自己的王国。"

他们从未建立过王国的原因无异于他们在以后的生活中无法自己做决定：他们没有获得新的生活方式，即登上"更高更好的层面"。我们称这个层面为"意识"。

虽然没有意识就没有正确的决定是不言而喻的，但也必须认识到没有转变就没有意识。这种转变来自放弃所有回到伊甸园的意图。这构成了我们的决策和我们作为决策者的《创世记》(Genesis)：让我们脱离任何虚幻的、神奇的和虚拟的宇宙，并投身于现实世界的那个"切口"。

第一部分　犹豫不决

> **决策向导**
>
> 我们可能认为一项决定只是一个带来最佳结果的问题，但它可能比这更根本。可能阻碍我们做决定的原因之一是对已知舒适感的依恋，或者相反，是对一种未知事物的恐惧。成长为更成熟和更有意识的人是痛苦的，但也是有益的，因为这个过程是我们最好的决策之源。

诸如"渴望回归"和"失乐园"这样的表达方式会让人想起《圣经》中或近代的那些逃离故国之人的经历。diaspora（大移居）这个词源自古希腊语"scattered across"，有"分散在……"之意，这与他们的集体经历有关。在心理层面上，我认为大移居是一种对分散且破碎的灵魂的有效隐喻，它既渴望虚幻的"回归"，又渴望重新建立健康的联系，还要保持个性化。真正的岔路口是这样的：未必是在特定的一天努力在两个选项之间做出选择，而是更有意义地决定——是回到虚构的天堂获得虚假的安全感，还是在更高的层次上走出一条坚定的、现实的和完整的道路。

因此，那些发现自己无法"成功决策"的人很可能建立了各种有效的防御机制，以避免做出决定。这正是下一章我们要探讨的内容。

第二章　防御力量

简单生活

最近,伦敦的一家报社发表了一篇关于简单生活趋势的特写文章。[1]据作者说,这种选择趋势被高估了。脸书(Facebook)首席执行官兼联合创始人马克·扎克伯格(Mark Zuckerberg)是这一趋势的倡导者之一。很显然,扎克伯格的穿着向来简单,他拥有很多同款的衣服:灰色T恤和灰色连帽衫。"我真的想清理一下我的生活,"他曾经说道,"如此一来,除了思考如何为这个社区提供最好的服务之外,我必须在其他事情上尽可能地少做决定。我觉得若是把精力花在那些不重要的或琐碎的事情上,我就无法好好地完成自己的工作了。"

我无意对扎克伯格的穿衣品味发表评论。我有一个不同的观点,那就是很多人已经成为简单生活的行家里手。这不一定是针对

第一部分 犹豫不决

衣服的选择（或其他类似的琐碎问题），而是更加宽泛地针对我们处理重要决定的方法。当现在的处理方式似乎更有效时，为什么还要决定弃旧纳新呢？

这就是我们冒着成为习惯性生物的风险，并最终陷入困境的原因。不过，这也是一种有效的防御机制，制造了一种我们比较专心和高效的假象。然而，更专注于了无新意的东西不是特别可取的！我确信脸书的首席执行官对商业决策比对服装的选择更感兴趣。

> **决策向导**
>
> 使用那些经过验证的方法似乎是一个值得我们关注的重点。它甚至可能促使我们做出一些重要的决定。但也许更重要的是，质疑那些久经考验的方法是否真的合乎需要。它们有可能让我们陷入犹豫不决吗？

其他防御机制又当如何呢？

外包

我们为逃避决策而寻求的另一个重要的慰藉是我们对命运的信赖,只是托非所托。我们的罗马祖先可以透过鸟类的内脏来预言未来。我们相信命运或许与其一样是迷信的。

举个更接近我们时代的例子。1971年,乔治·科克罗夫特(George Cockcroft)以卢克·莱恩哈特(Luke Rhinehart)为笔名写的《骰子人生》(The Dice Man)出版。这是一本曾经风靡一时的经典小说,讲述了一名幻想破灭的精神分析医师,开始基于掷骰子的结果来做决定的故事。当在这六个选项中做出选择时,命运就会相应而生。

这个故事带有部分自传性质。年轻时,科克罗夫特是一名害羞的学生,修过心理学,也当过心理学讲师。他有一个想法:通过掷骰子来做决定,可以为自己的生活增添多样性和刺激性,扩大自己的视野,丰富自己的个性。在一个以"自由"为主题的研讨会上,他指导一个班的学生理解尼采(Nietzsche)和萨特(Sartre)的思想,并提出了这样的观点:最终实现的自由可能就是摆脱习惯、忽视因果关系,只根据骰子的滚动做出所有决定。学生们对这一观点的反应非常积极,这给了科克罗夫特灵感,使他写出了他的畅销小说。

在《骰子人生》出版30年后,伦敦记者蒂姆·亚当斯(Tim Adams)前往美国寻访科克罗夫特,并采访了他。在文章的结尾,蒂姆写道:"那么,他坚持相信通过掷骰子,任何人仍是任何人吗?……'嗯,不,'他笑着说,'但是,任何人充当的角色都可能比他们想象的要多得多,但我猜,它不会成为一句好的谚语。'"[2]

这句话说明:通过把我们的决定外包给命运,我们不会丰富自我;相反,我们会把自己分成不同的角色。反过来,这又会把我们引向应该走的道路的反方向,而我们应该走的是一条通向个性化和自我实现的道路。

卢克·莱恩哈特的掷骰子的另一个版本是魔力8号球。它于20世纪50年代由美泰公司(Mattel)开发和制造。你向这个塑料球提出一个问题,然后把它翻过来会看到一个文字答案。今天,它的品牌口号是:"它为你做决定!"它提供了20种可能的结果,其中10种是积极的,其余为中性的或消极的。其答案包括:"毫无疑问"、"可能性最大"、"稍后再问"和"不要指望它"。这种个性化的声音赋予命运人性化的特征,将其转化为有益的指导,与非人性化的掷骰子形成鲜明的对比。

不可否认,我不认识用骰子或魔力8号球帮助自己做出重要决定的人。然而,我们中的很多人会经常阅读日报中的占星术版块,一如很多人会以"命运"为借口,设法逃避对不想要的结果应负的责任。

> **决策向导**
>
> 在不确定的情况下通常需要做决策：我们在采取行动之前评估了可能的结果，但不知道预期的结果是否会随之而来。描述这种状况的简单方式是"风险"。当风险没有如预期的那样出现时，对命运的指责就在于我们可能会觉得自己被与我们对抗的外部势力所伤害。对此，更健康的态度是制订积极的应急计划，为最坏的情况做好准备。有些风险对我们是有利的，但不可回避的是，也有一些风险对我们是不利的。

在将我们决策的责任外包给命运这个主题上，还有另一种变化形式。"你为什么不做决定？这对我来说都一样。"以这种方式把决定权交给别人并非表示人们有意识地相信他人的智慧，相反，这可能只是一种屈服而已。

此外，当对方同样犹豫不决时，可能会导致一场滑稽的乒乓球比赛，直至双方体力耗尽，最终在默认的情况下做出决定！

如果对方把我们的最大利益放在心上，那么我们最终可能会取得有利的结果。然而，即使在这种情况下，我们的自信，即认为自己是自身发展的有效推动者的自我感觉也很难通过这种代理决策得到加强。

拖延

接下来的防御策略是无休止地推迟决策：拖延。偶尔不立即做决定，给自己时间思考，符合我们利益最大化的想法。其基本思想是当我们拥有更多的信息时所做的决定可能会更好。然而，我们中的一些人显然利用这一原则作为逃避做决定的借口，并且抱有这样的期望：如果等的时间足够长，选择自己就会有结果。

我认为，这种方法的主要问题在于它基于一个错误的前提：我们可以控制自己做决定的时机。把需要决定的事情推给未来会让人产生一种错觉，即我们掌控了自己的决策，而在现实中，推迟决策往往相当于拒绝决策。尽管我们认为正在行使自己的权利，但实际上无形中选择了放弃它。

> **决 策 向 导**
>
> 即使推迟决策似乎是成熟和明智的表现，我们也应质疑情况是否确实如此。有时，人们其实只是用好的策略来掩饰内心的恐惧。

最好记住，你今天拒绝做出的决策和推迟到明天所做的决策，必然是不同的决策。周围的变量将发生变化，且不仅仅是时间的改变。在某些情况下，以前看似可行的选项有可能已经消失，即使没有消失，实现其的可行性的条件也会发生变化。

正如希腊哲学家赫拉克利特（Heraclitus）所言："人不能两次踏进同一条河流，因为第二次踏进时，河水已经向前流淌，我们也已向前流动了。"

拖延的潜台词是："决策已死，决策万岁！"换句话说，我们不要自欺欺人地认为自己正在处理一个不会变化的决策，而要认识到拖延会导致我们之后不是在处理一个新的决策，就是在处理一个已不存在的决策的幽灵。

当然，拖延的根源在于懒惰。18世纪的法国哲学家卢梭（Rousseau）在《论语言的起源》（*Treatise on the Origin of Language*）中表达了一种观点，即懒惰在一个人的性格中是根深蒂固的。他写道："人类天生懒惰的程度是不可思议的……如果我们密切留意它，就会意识到我们工作只是为了休息，懒惰促使我们努力工作。"

然而，拖延——犹豫不决的普遍的特性——可能还有其他来源，其中之一就是追求完美。

追求完美

追求完美常被看作是拖延的一个变种,是拖延做决定和采取行动的借口。从一方面看,很多人会觉得追求最佳结果值得称赞,这样不会给不完美留有余地。另一方面,在某些情况下花费更多的钱或付出更多的努力以取得一个"最佳结果",并不是利用自己时间的最好方式。

我有一位经营豪华酒店集团的客户,最近他要庆祝自己的酒店在质量标准上达到了前所未有的水平,得分率达到92%。当我哪壶不开提哪壶地问剩下的8%有什么问题时,我想自己可能让他心生不快了。他回答说:"在这个行业,如果你的质量目标是100%,那么很快就会破产!"他的观点是:你在酒店的奢侈品上花费了巨资,但最终甚至没有顾客会注意到,更不用说欣赏了。

我们的大部分决策也是如此:以100%为目标,可能会让自己的心理有"破产"的风险。无论如何,如果我们只在结果在自己掌控之下时才做决定,那么将永远不会决定任何事情。

在追求完美的过程中,我们常常把责任归于知识的缺乏:"直到掌握所有的信息,我才能做出决定。"但在内心深处,我们暗自知道这是另一种形式的拖延,我们永远不会真正拥有所有自己想要的知识。电影导演阿巴斯·基亚罗斯塔米(Abbas Kiarostami)是戛纳电影节上唯一一位获得过金棕榈奖的伊朗导演。他在2013年说道:"在电影中,我试图给人们尽可能少的信息,但这仍然比他们在现实生活中得到的多得多。我觉得他们应该感激我给了他们这么少的信息。"[3] 同样,在做决定时,我们应该感激自己已经掌握的信息,而不是害怕自己缺乏的知识。

这指向了一个围绕拖延的最大的谬见:如果把今天应做的决定推迟到明天,那么我会比现在更了解情况。如果我们倾向于如此,那么需要自问,是什么关键信息能造成这么大的影响?换句话说,尽管我不愿意公开自己的年龄,但在今明两天之间,我会学到的使活到第17521天的我比活在第17520天的我更具有决断力的知识是什么?答案很可能是:几乎没有!

然而,如果这种反思为我们指明了我们可能缺乏的关键信息的方向,那么我们应该尽全力找到它……就在今天!

决策向导

相关信息的缺乏常常容易被用作拖延做决策的借口。如果你认为自己需要更多的信息,那么请立即切换至研究模式。但不要过度研究,因为这是另外一种我们通过欺骗自己以保持不做决定的方式。

追求完美不仅仅表明缺乏现实主义,也可以被视为自恋。不完美是人性固有的,然而我们为自己设定的许多目标却忽视了这一事实。当理想主义影响到我们的决策时,我们就会对自己的能力产生危险的、不切实际的想法。

古代卡巴拉学者提醒我们:《圣经》第一卷的第一个单词的第一个字母是ב。然而,在希伯来语的字母表中,它不是第一个字母,而是第二个字母。① 第一个字母是א,是为上帝保留的,因为它代表着"绝对"和"完美"。

卡巴拉学者也注意到了字母ב的形状,它从右侧开始书写,还带有一个小"尾巴"。它似乎与无形、非物质、永恒联系在一起,尽管这种联系很是微弱。这个字母是《圣经》的第一个字母,它提醒我们:从根本上讲,我们与完美的关系本质上是疏远的、脆弱的。

对完美的过分追求为我们提供了一个完美的借口,让我们得以继续生活在虚拟世界中。而在虚拟世界中,完美总是有可能的。问题是,我们如果接受了这种错觉,但也不能生活在虚拟世界中。这个想法让人想起安娜·弗洛伊德(Anna Freud)看似平淡无奇但富有洞察力的话:"在梦里,我们可以把鸡蛋按自己的意愿烹饪,但没法吃掉它。"

---

① 希伯来语的字母是从右向左读写的。——译者注

也许我们应该庆幸不完美的存在。这是研究者布琳·布朗（Brené Brown）在其著作《不完美的礼物》（*The Gifts of Imperfection*）中所用方法的思想基石。用她的话说就是："完美主义不是引导我们挖掘天赋和找到明确的目标的道路，而是一条危险的弯路。"[4]她还解释说："完美主义是有破坏性的，因为没有完美的东西。这是一种永无止境的追求，只会导致我们失败，而这正是完美主义的可怕之处！"这让人想起另一位作家安妮·威尔逊·沙夫（Anne Wilson Schaef），对于她来说，完美主义是"最高级别的自虐"。

潜移默化

犹豫不决的最后一道防御机制是不做决定成为我们个性的过程。这种行为可以保护我们，因为它可以渗透到我们的性格中，以至于我们不太可能被别人要求做决定，更不用说自己主动做决定了。当我们对自己的见解失去信心时，这种心理机制会通过自我怀疑的恶性循环，最终决定我们的性格。

当然，不良的心理状况可能是导致无法决策的原因，而不是其结果。在神经科学中，aboulia（来自希腊语，意思是"意志缺失"）是已知的动机减退障碍之一。患此病的患者无法独立行动或做决定。

另一种极端的情况是，心理障碍可能导致患者在做决定时没有困难，只不过他们的选择具有自我伤害的性质。

我们刚才简单地涉足了心理疾病和神经性疾病领域。这已经超出了本书要讨论的范围。然而，对于大多数人来说，在决策中遇到的困难可以通过本书主要讲述的方法——自我反省来克服。

神经症的对立面是被新弗洛伊德精神分析治疗师卡伦·霍妮（Karen Horney）称为"自我实现"的过程。霍妮将这个过程比作一颗橡子成长为一棵树要经历的过程。同样，如果有机会，一个人往往会挖掘自己特定的潜力。然后他会发展其真实自我的独特生命力，包括自己的感觉、思想、愿望、兴趣的清晰度和深度；挖掘自己资源的能力、意志力的力量。[5]同时，自我实现之路为摆脱自己根深蒂固的焦虑提供了途径。

在目前的旅程中，如果我们想要战胜决策带来的焦虑，那么树象征着我们渴望达到的更高层次的意识水平。在做决策时，我们若要达到这种意识水平，就需要跨过或突破多年来我们为自己建立的防御机制，去发现另一边藏着的东西，即我们的防御机制一直隐藏着的关于我们自己的某些方面。

第三章　投射恐惧

担忧就像偿还一笔你没有欠下的债务。

——马克·吐温

1929年,为了保护自己的国家免遭德国的再次入侵,法国政府开始在与德国、卢森堡和瑞士接壤的东部边境修建一系列令人印象深刻的混凝土防御工事。其中马其诺防线是一个庞大的军事工程,其建设一直进行到1940年才结束。马其诺防线的北端止步于比利时的边界。具有讽刺意味的是,工程结束是因为1940年德国通过比利时入侵了法国。

防御机制可能非常复杂。然而,复杂并不一定意味着它们是有效的。上一章描述的心理防御机制也是复杂的,但它们可能不起作用,让本该被抵御的敌对势力入侵心理防御内的领土。

我们的防御机制努力保护我们免受什么敌对势力的攻击呢?我意识到本章的标题已经泄露了秘密!

恐惧并不总是一种消极的情绪。它可以让我们对不可预见的风险更加警觉,并且可以帮助我们保护他人和自己免受潜在危险的侵害。

1933年,富兰克林·罗斯福(Franklin Roosevelt)在美国总统就职演说中有一句名言:我们唯一值得恐惧的是恐惧本身。我们都知道,恐惧很容易控制我们的思想、抑制我们的才能、扼杀我们的雄心壮志和成长。因此,事情不是非黑即白的:恐惧可以是一种积极的力量,也可以是一种消极的力量,两种力量同时存在也是有可能的。

这个悖论之所以有存在的可能性,乃是因为我们受到了两个不同目标的激励:预防取向(我们希望能保护自己)和拓展取向(我们希望能取得进步)。

2010年,全球经济衰退开始两年后,哈佛商学院的一个教授团队启动了一个为期1年的研究项目,即找出那些在此危机中最有可能生存下来的公司,并找出其共同点。他们研究了近5000家公司,并分析了它们在前三次全球经济衰退期间——1980年的经济危机(持续到1982年)、1990年的经济放缓(持续到1991年)和2000年的经济萧条(持续到2002年)——的战略和业绩。[1]

第一个重要发现是：在经济衰退开始3年后，只有少数公司（约占样本的9%）的表现好于以往，在销售额和利润增长方面优于同行10%或更多。绝大多数公司要么已经消失（17%的公司已经破产或被收购），要么没有恢复到衰退前的增长率（占幸存公司的80%），而其中有一半的公司甚至没有恢复至衰退前的销售额和利润水平。

哈佛大学的研究人员还发现公司可以被划分为以下4种类别：

·以预防为重点的公司，致力于减少损失和降低风险。与竞争对手相比，经营者制定了更注重防御性的战略。

·以拓展为重点的公司，通过更具进攻性的战略继续投资未来的增长。

·务实型公司，采取防御和进攻的双重策略。

·渐进型公司，属于务实型公司的一种，与众不同之处在于它们努力在进攻和防御之间寻求最佳平衡。

最后一个类别最有利于成功应对经济衰退。这一类别的公司也被认为最有可能（37%）脱颖而出。"这些公司比竞争对手更注重运营效率，从而有选择地降低成本，即使在通过投资营销、研发和新资产来相对全面地投资未来时也是如此。这些公司的经营者所采取的多管齐下的策略……是应对经济衰退的最佳解药。"

如果我们将这些有效的发现应用于自身,那么该如何做才能最好地把握成功的机会呢?答案是:同样在预防和拓展的选择之间寻求最佳平衡。这意味着我们要正视恐惧,而不是被恐惧压倒。

如伯特兰·罗素(Bertrand Russell)曾经写的那样,如果"克服恐惧是智慧的开端",那么在决策时,从理解恐惧及其各种表现形式入手不失为一个探索决策领域的好起点。

"La peur n'évite pas le danger"这句广为流传的法语翻译过来就是"恐惧无法阻止危险"。它指出了一个重要的事情:恐惧和危险不是同一枚硬币的两面。恐惧只是内心的一种幻象。它不是我们从外部世界接收到的某种东西(我们从这个来源接收到的是威胁,而不是恐惧),而是我们投射到威胁上的某种东西。用丘吉尔的话来说:"恐惧是一种反应,勇气是一种决定。"

本章的标题可以反映2016年6月英国的欧盟公投。在公投期间,"脱欧"阵营(致力于支持英国退出欧盟)创造了"投射恐惧"这个词以形容"剩余"一方的策略,并指责他们恐吓人民,以便让其留在欧盟。然而,很明显,参与"英国脱欧"争论的双方都在利用恐惧因素,以说服人们从他们各自希望的方向思考。这表明恐惧不仅是一种抑制决定的因素,也是一种塑造决策的因素,它对我们的影响超越了理性对我们的影响。

现在到了看一下古典经济学中"期望效用理论"的时候。古典经济学告诉我们:"一项行为的预期效用是每种可能结果的效用的加权平均值。结果的效用衡量的是该结果在何种程度上胜过替代品,或更可取。"

期望效用理论一度被当成描述我们如何决策的最准确的模型,在1979年丹尼尔·卡尼曼(Daniel Kahneman)和阿莫斯·特沃斯基(Amos Tversky)出版的开创性著作《风险型决策》(*Decision Making under Risk*)中,对这一经典观点发起了挑战。他们的"展望理论"表明人们是厌恶损失的:在对待收益的问题上,人们会选择肯定能得到的收益,而不会选择有风险的更高收益。例如,大多数人更愿意稳赚100美元(按1美元约等于6.8元人民币),而不愿意抛硬币,冒赢200美元或什么都得不到的风险。然而,当面临肯定输100美元,以及损失200美元和什么都不损失各占50%的概率的两个选项时,人们往往会选择第二个选项。简单来说,在面临可能的损失时,有人会愿意冒险;而同样是那个人,在面临可能的收益时,他就不再愿意冒险。

因此,展望理论认为对损失的恐惧会驱使我们选择风险更高的行为,而这种行为不能仅凭理性来解释。大多数研究结果表明,从心理上讲损失带来的影响是收益的两倍,由此不难理解为什么恐惧是做出非理性决策的有力推动者。

如果想要遏制恐惧,那么我们需要对其进行深入探讨。到底什么是恐惧？它是由什么组成的？

我得出的结论是，决策恐惧分为7种，可划分为两组：对所做选择的恐惧和对选择结果的恐惧。

对所做选择的恐惧

1. 害怕拒绝更好的选择

害怕拒绝一个更好的选择会让很多人在做出决定时感到不知所措。尽管其他自助书籍中提出了不少帮助改掉拖延症的建议（加减清单和其他"一站式"技巧），但对许多人来说，它仍然是一个具有挑战性的问题。

几年前，我决定去古巴旅行，其目的是双重的：一是见到当地的艺术家，二是实现自己长久以来想要拍摄哈瓦那的梦想。很快，我的目标就合二为一了，因为我不仅仅渴望作为一名游客去看该国家的岛屿及首都，还想通过那些我打算会面的艺术家的眼睛去看。最终，我的很多照片都是关于当地艺术家及其工作室和作品的。碰巧，在拜访了一群印刷艺术家后，我在那附近的一个废弃的住宅区里拍了一张我最喜欢的照片。可能是这群艺术家中的某个人在这个住宅区入口处的一面墙上绘了一幅画，画把整面墙分为上下两半，一半是亮白色，一半是鲜绿色。这个人用油漆在墙上写了一句话："No te preocupes por lo que tengo, preocupate por lo que falta."（不要关心我所拥有的，而要考虑你所缺乏的。）我觉得这些字眼在哈瓦那这样一座相对不富有的城市中被赋予了特别深刻的寓意，也特别能引起人的共鸣。这也是一个令很多西方人沉思的启示。

与此启示相对的则是"错失恐惧感"（Fear of Missing Out），按照21世纪的习惯，它被简化成了一个首字母缩略词FOMO。回到哈瓦那的这个入口大厅，有那么几秒钟，当我们更关心其他人可能拥有什么，而不是自己缺少什么时，"错失恐惧"正是我们内心的感受。本着"错失恐惧"的精神，我们忽视了自己真正的需要，而过度地将注意力放在别人身上。

最终，对错失的恐惧或者在决策时害怕拒绝一个更好的选择往往会与另一种恐惧联系在一起：对后悔的恐惧。我认为大多数人都能应付自己错过的事情。人们发现更难应对的是当初没有选择另一条更好的路线所带来的遗憾。但是，正如我们在前面讨论的那样，决策具有一个内置的失效过程。一个决策被做出后，它就不再是一个决策了，它要么变成一种有效行为，要么变成一种无效行为。决策本身所剩的只有记忆，而记忆是决策的灵魂。

第一部分 犹豫不决

> **决策向导**
>
> 即使我们做出了有问题的决策,后悔也永远不会让我们受益。对后悔产生恐惧则更加糟糕,因为它会麻痹我们,使我们无所作为。把一个被否定了的决定当作自己的生活,用一种假设的愿景替代我们已经选择的道路并以此来嘲弄自己是无益的,在哲学上也是没有根据的。

再打个比方,我们的决定就像蝴蝶,有些色彩缤纷,令人眼花缭乱,有些则色彩相当暗淡。但它们有一个共同点,即在成长为蝴蝶之前都经历了相同的发展阶段,首先它们是毛毛虫(一种完全自主的生物,就像我们做决定之前的想法),再从毛毛虫到蛹,最终破蛹而出。蝴蝶一旦飞走,剩下的就只有蛹壳了。蝴蝶再也不会回到活在蛹壳里的舒适日子。因为它知道,这个薄薄的外壳对现在的它来说不仅太小,而且完全失去了意义。

一旦做出了决定,决定的蛹壳就无关紧要了。仔细考虑决定本身是没有意义的,因为现在没有什么能改变它了。它已经永远地消失于世了。我们不能改变一个决定,只能做出一个新的决定,以期待改变(也有可能改变不了)结果。

回顾那种感到可能错失良机的处境没有什么意义,只有当我们的唯一目的是从中吸取教训,而不是悔恨时,这种回顾才是有建设性的。在这种情况下,回顾过去不会引发遗憾,而会带来收获。它会影响我们做决定的方式,也会影响我们如何在今后的发展中应用我们所获得的经验。这并非意味着没有失望的可能。无论如何,失望是真实存在的,失望的瞬间也是感知的时刻;而后悔和悔恨属于自我消耗。[regret(后悔)的词源是"再次哭泣",而remorse(悔恨)最初的意思是"反口回咬"。因此,情绪上持久的痛苦感是"后悔",身体上持久的痛苦感是"悔恨"。]

就这一点而言,还有一个类比可能有用。如果很不幸,你发现自己正被野兽追赶,那么这种对追赶你的野兽的恐惧是完全合理的,甚至它可能会促使你跑得更快;而对结果的恐惧是毫无意义的,只会加重你的焦虑。同样,在做决定之前和之后,感到恐惧或后悔不会预先减少痛苦,最终只会增加痛苦。与对后悔的恐惧有关的犹豫不决并没有推迟痛苦到来的可能性,而会使痛苦成为每天都要忍受的现实。

正如精神分析学家玛丽-路易丝·冯·弗朗兹(Marie-Louise von Franz)所写:一个人不必是一个只相信快乐而从云端跌落下来的傻瓜;但若一个人总是从一开始就因预料到痛苦而退缩,那便是一种典型的病理反应。这是很多神经过敏的人会做的事情,他们会想方设法地训练自己,让自己不要总是因为预见痛苦而受苦。但是,这通常

是病态的，会让人无法正常生活。²

在这个问题上，我们必须牢记：《时间机器》(*The Time Machine*)的结尾没有时间旅行者——这本书的主角。他消失了，甚至都没有留下名字。他想经历未曾经历过的人生，但正是这种吸引力使其失去了个性。在14世纪的法语中，"后悔"这个词曾一度表示"哀悼某人的死亡"。不知何故，每当我们感到后悔时，都是在为我们中的时间旅行者的死亡而悲伤。

值得注意的是，我们自己的决定性思维不会以同样的方式来处理所有类型的后悔。它区分了两种经历：

· 对自己确实做过的事情感到后悔，并希望自己没有做过。

这在心理学上被称为"为而不当之错"。例如，这可能适用于我们不公平地对待某人后的感受。

· 对自己没有做的事情感到后悔，并希望自己做过。

它被称为"当为不为之错"。例如，没有抓住曾经提供给我们的机会。

根据康奈尔大学的托马斯·吉洛维奇(Thomas Gilovich)和维多利亚·赫斯特德·梅德维克(Victoria Husted Medvec)以及纽约大学的塞雷纳·陈(Serena Chen)的研究结果：在短期内，"为而不当"的后悔对我们的影响大于"当为不为"的后悔。然而，随着时间的推移，情况会反过来，最终我们对"当为不为"的后悔超过了对"为而不当"的后悔。

因此，当我们选择维持现状而不去改变，从而拒绝一个有吸引力的选项时，会认为自己的选择太过保守。因为我们没有采取行动，所以对自己的决策感到后悔的可能性就较小。但研究结果表明，情况正好相反，正是这些消极或被动选择的时刻让我们的后悔持久地存在。

害怕后悔是害怕拒绝更好的选择的一种表现。这些通常属于所谓的"第一世界问题"（例如，我应该去哪里度假？）的范畴。当我们需要在两个（或两个以上）平等诉求的选项之间进行选择时，就会发生这种情况。

然而，当不同的选择不仅相互排斥，而且会带给我们两种可能非常不同的结果时，情况往往就复杂了。在这种情况下，让人们恐惧的不仅仅是错过了一个更好的选择，还有要面临损失或收获、降职或升职、失败或胜利的结果，而这些结果很可能会改变我们的人生。我们用一种最明显不过的表现来直面对做出错误选择的恐惧。

2. 害怕选错

昨晚，在飞往罗马的飞机上，挨着我坐的是一位私募股权投资者。我们开始攀谈后，他对我说："当我的同事想证明一个基于金融模式的投资决策是合理的时，我很生气。从根本上讲，我们的重要决策是靠直觉，而不仅是依靠电子表格。"他所表达的是启发法（解决问题的实用技巧)的关键原则:事实上,我们做了很多决策,包括关键决策,都是会运用经验,而不仅仅是根据逻辑。在某些情况下,直觉会补充逻辑;在其他情况下,它会被我们内在的认知偏差扭曲。随着行为经济学在20世纪末、21世纪初的出现,认知心理学家打开了一个装有这些认知偏差的潘多拉盒子,使我们的决策超越了理性的范畴。

我们了解了卡尼曼和特沃斯基关于风险型决策和损失厌恶偏差的研究。相关内容包括:

· 非线性概率权重

决策者重视小概率,轻视大概率。这让我想起了美国有线电视新闻网(CNN)的著名旅游记者沃尔夫·布利策(Wolf Blitzer)在最近一次行业会议上发表的评论。他告诉我们:很大一部分美国民众由于担心恐怖袭击而推迟出国旅行。然而,统计数据显示,在家中触电身亡的风险要比之高得多。事实证明,在某些情况下,出国旅行可能被视为安全的选择,而留在家中则是有风险的选择!

· 参照点依赖

我们倾向于将结果按照我们自己任选的参照点(一般是现状)进行评估,如果结果比参照点好,则将其归类为"收益";如果结果比参照点差,则将其归类为"损失"。例如,如果你在街上发现一枚1美元硬币,就会很乐意捡起来。这不是因为它影响了你的总体财富

（唯一真正合理的参照点），而是因为这影响了与其他可用的参照点相比的结果（如果我不捡起它，就拥有 0 美元；而如果我捡起它，就会拥有 1 美元）。它可能给人带来的满足感远超理性可以解释的范围。

· 收益和损失的满足感

随着我们相对参照点得到的衡量收益和损失的绝对值的增加，我们的边际效应会随之递减。这就是如果你中了今晚的彩票，那么 200 万美元的收益带来的快乐不会是 100 万美元的收益带来的快乐的两倍，只是会稍微多一点的原因。然而，这种现象是不对称的：失去 10 美元产生的痛苦要大于赢得 10 美元产生的快乐。

随着心理学家的研究取得新的进展，他们意识到我们的头脑在做纯理性决定时会有多么地不适应，这种认知偏差的名单每年都在拉长。甚至网上还有一个"认知偏差法典"，它以创造性的图形方式呈现这些发现。[3] 以典型的科学风格看，这些偏差的名字越来越奇异和有趣了。

有些名字我一直很喜欢，包括：

· 达克效应（Dunning-Kruger effect），指能力不足的人高估自身能力的倾向，或专家低估自身能力的倾向。

· 知识的诅咒（curse of knowledge），解释了为什么见多识广者很难从孤陋寡闻者的角度思考问题。

·啦啦队队员偏差（cheerleader bias），让人认为个体在一个群体中会更有吸引力。

·冯·雷斯托夫效应（Von Restorff effect），指突出的事物会比其他事物更有可能被人记住。

·蔡氏效应（Zeigarnik effect），指未完成的（包括被打断的）任务比已完成的任务更容易让人记住。

我们意识到数以百计的潜在认知偏差并不能帮助我们树立对自己决策能力的信心。然而它确实阐明了，当我们在做选择时需要仔细检查工作中的激励因素。

决策向导

如果我们认为自己在做决定时是公正的，那就错了！各种认知偏差会影响我们的判断，改变我们对相关因素的看法，并影响我们对这些因素的重视程度。这并没有什么错，跟计算机的算法不同，人类决策者是有生命的。但是，一定程度的自我认知将有助于确保我们的认知偏差不会成为决策时的陷阱。

在这一点上可以说，我们的非理性的意识使我们对选择错误选项的厌恶变为一种高度理性的恐惧。但是，对选择错误选项的恐惧并不总是源于这种认知偏差。在某些情况下，它源自我们在考虑涉及两种相关联的选项时面临的僵局，当这两种选项在我们的头脑中具有同等分量时，表明我们有时想要的可能是两个相互矛盾又相互排斥的东西。

想一想买房的决定。对有些人来说，这已被证明是他们一生中最好的投资，因为它使得他们及其家人在财务上能够长期安心；但对另一些人来说，它带来的却是负债和数十年储蓄的损失。导致这两种情况的主要差别有两点：一是任何人都不可抗拒的外部变化，如贷款利率变动、房地产市场行情暴跌或上涨等；二是个人情况的变化。但是，一方面渴望长期保障（以拥有房屋所有权为代表），另一方面又希望获得短期的财务安全（如避免负担沉重的抵押贷款），当这样两个同等重要的、有效的需求背道而驰时，我们又该如何做出这一重要决定呢？

最终，每个决定都是为了解决一个深层矛盾而做出的。用作家兼精神病学家欧文·亚隆（Irvin Yalom）的话说："每一个'是'必定对应一个'否'。决定的代价不菲，因为它需要放弃。古往今来，这种现象吸引了许多伟大的思想家。亚里士多德想象过一只饥饿的狗无法在两种同样有吸引力的食物之间做出选择的场景。中世纪的经院哲学家则写出了布里丹的毛驴的故事,这样的毛驴会饿死在两捆同样香甜的干草之间。"4

我很乐意承认,在成年后的大部分时间里,我一直认为布里丹唯一的名声就是从他那头注定会死的毛驴身上获得的,并以为他是民间故事中的人物,是一个流行笑话里的笑柄,而不是一个真实存在的人。

相反,让·布里丹(Jean Buridan)是14世纪法国很有影响力的哲学家和逻辑学家之一,也是他那个时代伟大的亚里士多德主义者之一。前面描述的小场景是对他以及关于他道德决定论的讽刺。

布里丹可能从来没有拥有过那头犹豫不决的毛驴。1340年,他写道:"如果两条路线被判定是平等的,那么意志不能打破僵局。意志所能做的就是暂停判断,直至情况改变,然后正确的行动路线会变得清晰。"5

在三个多世纪后的阿姆斯特丹,巴鲁赫·斯宾诺莎(Baruch Spinoza)向这一观点发起了挑战,认为不能将无法在两个看似平等的选择之间做出选择的人视为是完全理性的:

"……如果人不按自由意志行事,但行为的诱因是相同的,如布里丹的毛驴这样的情况,那会发生什么呢?……我很乐意承认,一个人若是被置于如上所述的这种均衡状态中(即只觉察到饥饿和口渴,某种食物和某种饮料都离他同样远),就会死于饥饿和口渴。如果有人问:这样的一个人是不是应该被视为一头驴,而不是一个人? 我的回答是:我不知道,既不知道如何看待一个吊死了自己的人,也不知道我们应该如何看待孩子、'傻瓜''疯子'等。"[6]

几个世纪以来,这场辩论吸引了一些伟大的哲学家参与其中。这证明了它要解决的问题的重要性。在现代,我们会发现很多关于历史强加给男人和女人的艰难选择的例证,特别是在战时。最近,我在伦敦的圣詹姆斯剧院看了一部动人的戏剧。该剧由在维也纳出生的犹太钢琴家莉萨·朱拉(Lisa Jura)的女儿莫娜·戈拉贝克(Mona Golabek)创作和表演,场景设定在1938年的维也纳和战时的伦敦。而戏剧《威尔斯登巷的钢琴家》(The Pianist of Willesden Lane)讲述了莉萨的真实故事。她的父母有两个女儿身陷纳粹魔爪,但只能从中拯救一个人,因为他们只得到了一张儿童转移计划①的车票。她的父母该如何做出这样一个令人心碎的选择? 这个决定只可拯救一个孩子,却十有八九会把另一个孩子推向死亡。

---

①儿童转移计划是由英国政府授权,由各国的个人、宗教和世俗团体实施的救援活动,先后从德国、奥地利、捷克斯洛伐克、波兰和自由市但泽(格但斯克)把约10000名17岁以下的孩子迁至英国,其中大部分是犹太人。该计划始于1938年11月9至10日的"水晶之夜"大袭击之后,大规模行动结束于第二次世界大战爆发之日即1939年9月1日,在1940年陆续还有儿童获救。——译者注

这不是"选哪个对，选哪个错"的问题，而是不论先选谁都是错的。在此戏剧情境中，无论这个选择多么不道德，拒绝选择都与选择死亡类同，就像马丁·海德格尔（Martin Heidegger）所说的"未来可能性的消失"，包括见证历史的可能性。在这种情况下，尽管现有的选择是糟糕的，但放弃选择似乎是最坏的选择。既然已经进入了艺术领域，那么我现在打算谈谈绘画。

"我在每幅画中试图要表达的无非就是一点：以一种生动可取的方式，在最大限度的自由中将不同、矛盾的元素汇集在一起。"

这是备受尊敬的德国画家格哈德·里希特（Gerhard Richter）的话。里希特暗指的是，期望决定能带来结果是幼稚的。决定仅仅是在相互冲突的观点之间达成不是最完美但最可行的平衡。它就是为了实现平衡，在自由的最大范围内摆脱我们头脑中预想的或预先设定的观念。

如果这关乎自由，那么也必然关乎运动。当面对做出错误决定的恐惧时，我们应该松一口气，并认识到在今天被视为错误的决定到明天可能会带来意想不到的、积极的好处，可能会比今天看似正确的选择好处更大。今天的错误选择最终很可能是正确的选择。

经济学家约翰·凯（John Kay）在其《迂回》（*Obliquity*）一书中

提出了一个有趣的观点。他的想法是：许多目标更有可能在追求其他事时间接实现。他指出"最富有的人不是金钱至上的人"，同样，"最快乐的人未必就是专注于快乐的人，正如金融危机告诉我们的那样，最赚钱的公司并不总是以利润为导向的"。[7]

说到这一点，大家都还记得1962年9月约翰·肯尼迪在得克萨斯州休斯敦的莱斯大学体育场说过的话："我们选择在10年内登上月球，并做一些其他的事情，不是因为它们容易，而是因为它们很难；因为实现这个目标有助于协调和衡量我们最佳的力量和技能。"肯尼迪说这番话，旨在说服美国纳税人，让他们舍得拿出54亿美元为他所说的事业提供资金。在肯尼迪看来，这不是花54亿美元买一张往返月球的二等机票，而是一项对国家形象的一流投资。这是阿波罗11号登月使命预期的但隐晦的附加作用。

> **决 策 向 导**
>
> 最好的决策不一定是最直接的：这取决于你的目标的性质。有些令人向往的价值取向是副产品，会不请而至，最明显的例子就是爱、成功和幸福。过于有意识地、直接地为这些目标而奋斗的人更有可能感受到它们的难以捉摸。

对选择结果的恐惧

1. 害怕失败

通常,我们可能确信自己的选择是正确的。在这种情况下,我们很少或根本不会害怕做出错误的决定,或错失一个更好的未来。然而,另一类恐惧会开始出现,那就是"未能将机会转化为成功"。具备足够的资历和做了充分的准备还不够,此外最好了解那些可能会影响我们成功机会的因素。它们既有外部因素(如环境的意外改变和他人的态度等),也有内部因素(如自我怀疑和重新评估优先顺序等)。

1世纪的斯多葛学派哲学家爱比克泰德(Epictetus)的看法则有很大的不同,其《爱比克泰德语录》(*The Enchiridion*)的第一句话如此写道:

"有些事情由我们掌控,另一些则不由我们掌控。由我们掌控的是看法、欲望,以及向某物移动、厌恶某事(从某物转向另一物)。总之,这些都是我们的行为。不由我们掌控的是身体、财产、声誉、职务(权威)。总之,这些不是我们的行为。"[8]

爱比克泰德继续解释说:如果我们试图控制那些不属于我们控制范围之内的事情,就会让自己苦不堪言。成就的取得源自设法只做那些受我们行动影响的事情,即使这些事情少之又少。

"如果你只试图逃避那些由你掌控的有悖自然的事情,那么将不会卷入任何你想逃避的事情中。但是,如果你试图逃避疾病、死亡或贫困,就不会快乐。要消除你对所有不由自己掌控的事物的厌恶。"[9]

紧随其后的这句话是典型的斯多葛学派的说法:

"但是,就现在而言,要完全压制欲望——因为如果你渴望任何不受自己控制的东西,就一定会失望。"

爱比克泰德并不主张彻底地放弃欲望,但警告我们不要放任欲望,不要盲目追求无法获得的东西。

现在,很明显,如同声誉或健康一样,失败是超出我们控制范围的事情之一,至少部分如此。我们可能生活在一种幻想中,即我们可以控制自己的成功或失败,但这样做对我们来说是很危险的。事实上,如果我们能够控制决定的结果,那么一开始就没有必要做出决定!

决策涉及风险,这是我们必然要接受的,而承担风险是该复杂问题的一个关键组成部分。我们可以通过对自己可控的事情采取行动来降低风险,例如,在某种程度上,利用我们的知识和准备工作。

然而，如果我们试图控制任何不为我们所控的事情时，就会给自己带来挫折感。

如果我们做的每一项决策都包含着风险，那么从逻辑上讲，对失败的恐惧就不是对风险的恐惧（因为风险是"给定的"），而是对风险的结果（其中损失是众多风险的结果之一）以及围绕这些结果的不确定性的恐惧。

希腊人为不可预知的风险的结果创造了一个完美的词chaos（混沌）。今天，我们把chaos解释为"混乱"和"无序"的同义词。该词的词源把我们引向了另一个方向：chaos最初意味着一个巨大而空虚的空洞，换言之，即"深渊"。

这让我们想起在此次旅程开始时遇到的那个"深渊"——每次决策都会开启的"深渊"，将我们的形象投射回自己身上。正如我在那时指出的，只有当我们承认自己临渊而站，准备面对自己的决策时，作为人类的我们才算是真正地活着。

由于我们的使命是具有探索性的，我们至少可以将其隐喻为一种考古。我们需要准备好使用绳索、安全带和其他装备潜入这个混沌的巨大空洞。

大约3000年前，赫西俄德（Hesiod）在其《神谱》（*Theogony*）一书中描述了希腊诸神的谱系和世界的形成。在其叙述中，神诞生自虚空（或混沌）、大地和厄洛斯（Eros）。不同的来源表明人们对这些古神的起源有不同的理解，对于任何试图创建自己的谱系但都未能完成的人来说，这算不上是一个令人惊讶的启示。赫西俄德（约公元前700年）认为厄洛斯出自混沌，巴门尼德（Parmenides，约公元前400年）则认为他是所有神中第一个诞生的神。根据阿里斯托芬（Aristophanes，约公元前400年）的说法，"厄洛斯在无底的深渊中跟与自己一样长有翅膀的黑暗的混沌交合，从而孵化出第一个看到光的吾族"。[10]

决策向导

根据古希腊的说法，欲望对人的境况极其重要，其重要性反映在厄洛斯（欲望）在神的创造中扮演的角色上。压抑我们的欲望是无益的。任何创造（因此任何决定）都需要厄洛斯和混沌的相遇。欲望触及混沌的结果就是两者组合成了一个新的现实。

无论精确的谱系是什么，在整个上古时期，始终不变的是混沌和厄洛斯之间的基本且本质的联系，也就是深渊和欲望之间的联

系。厄洛斯不仅仅意味着物质上的欲望:它更接近赫拉克利特所说的"弗西斯"(Physis),即存在于所有生物中的力量,是我们的能量和创造力的源泉。[顺便说一下,类似的概念可以在印度的沙克蒂(Shakti)、昆达里尼(Kundalini)的原始能量和中国的"气"(Chi)中找到。]

反思这些问题,我们可以看到混沌不是创造的对立面,而是它的来源地(如果厄洛斯生于混沌)或必要伙伴。无论用哪种方式,没有厄洛斯,混沌都不可能实现创造。如果说混沌是深渊,那么厄洛斯就是天空。正如詹姆斯·霍利斯指出的那样,desire(欲望)这个词来源于拉丁语de-sidere,意思是"星球的"。

由此断定,混沌和恐惧(对失败行动的恐惧)不应妨碍我们,因为任何有创造性或有意义的决定都需要借助混沌和欲望的能量。

除此之外,唯一的选择是坚持站在犹豫不决的巨大平原上,盯着深渊与天空之间、混沌和厄洛斯之间的空隙。这就是我们在仅仅考虑它们之间无限的距离,而不考虑如何促进它们必要的相遇时所发生的情况。

混沌和厄洛斯之间的二元性可能会让我们想到自己在做决策时面临的二元困境。我们内心有个声音在说:这必然是对或错的选择。然而,希腊神话暗示了这样一种观念,即这种对世界的二元设想是一种错误的构想。将这种构想叠加在我们的决策上,就是把自己困在无法决策的强迫性重复中。越是把世界看成是二元的，我们就越容易被卡在混沌和厄洛斯之间；越是试图分辨是非，我们就越无法分辨它们。我们的问题源自这样一个事实，即我们经常将错误的道德概念（正确与错误）叠加到并非关乎道德与不道德甚至更不道德的选择的决策之上。例如，如果我选择这份工作而不是那份工作，那么它是"正确"的选择，还是"错误"的选择？将我们的决策简化成这种二选一的方式会产生一种僵化的结构，从而削弱我们的判断力。从某种意义上讲，我们最终会为错误的问题提供正确的答案。还有一个比我们如何在对与错之间做选择更有趣的问题，即我们如何将自己最真实的欲望应用于这个混沌的世界。

混沌和厄洛斯之间的矛盾在流行文化中时有体现。以斯蒂芬·桑德海姆（Stephen Sondheim）的音乐剧《小夜曲》（*A Little Night Music*）为例，它是根据英格玛·伯格曼（Ingmar Bergman）的电影《夏夜的微笑》（*Smiles of a Summer Night*）改编而成的精彩作品。角色们面临着他们生活中的混乱、失败的人际关系和错失的机会。也许该音乐剧中最著名、最辛酸的歌曲是由德西蕾（Desiree，顺便说一句，在法语中 Desiree 就是渴望之意）在回想自己与弗雷德里克（Fredrik）的往事时演唱的——跟德西蕾一样，弗雷德里克也生活在一段不愉快的婚姻关系中，但不会为了她而离开妻子。这首歌就是《小丑进场》。为了帮助在地上与深渊对抗的德西蕾，桑德海姆在塑造小丑形象方面表现出了天赋,而她渴望的对象则生活在半空中,更靠近厄洛斯。

小时候,我的父母带我去当地的马戏团看表演,我总是喜欢看两个小丑之间的互动:白脸小丑总是严肃和理性的,他的伙伴则是滑稽和富有趣味的。当我听到我的一些成人朋友(和其他极为稳重的人)现在仍然对小丑形象深为反感时,感到很惊讶。为什么小丑形象会如此具有感染力?

在古希腊的剧院里,小丑代表的是粗俗的丑角。几个世纪后,我们在意大利的即兴喜剧(Commedia dell'arte)中再次发现了这些丑角。当时,它们被称为pantomimos(意为所有模仿者)、deikeliktas(意为演戏的人)或sklero-paiktes(意为像孩子般玩耍的人)。小丑之所以如此吸引儿童,是因为他利用了跟孩子一样的能量组合:释放的创意和幼稚的鲁莽。

最近,我听说了一个名为"小丑医生"的法国慈善协会,它会派遣一些志愿者到医院的儿童病房,以分散儿童对痛苦和忧虑的注意力,即便那只是很短的时间。该协会的发言人对此进行了评论,称白脸(悲伤的)小丑和彩面(快乐的)小丑的联袂表演喻示了我们在面对混沌时的不同态度。

在面对不可避免的事情时,白脸小丑会保持理性,而且不抱幻想;而彩面小丑则会用幻想来应对混沌。彩面小丑可能一路上倍受伤害，但最终总是赢家。

我想我们每个人都有一部分是白脸小丑，有一部分是彩面小丑，尤其当要面对混乱的前景的时候，我们会觉得自己就像儿时那样能力不足。因此，我们需要确保不把钥匙只交给理性的白脸小丑，并且继续与自己内心的彩面小丑接触。顺便说一句，"彩面小丑"是从Auguste Clown这个词翻译过来的，Auguste源于拉丁语，意为"被占卜者视为神圣的；吉卦"。也许这就是我们应该认真对待他，而不必在乎他那浓重的妆容和红鼻子的一个原因吧！

> **决策向导**
>
> 欲望和混沌共同创造了一个我们全都在其中运作的不稳定的环境。优秀的决策者是那些在可能的情况下对混沌做出轻微反应的人，而不是那些设想自己仍然能够在很大程度上理性地应对动荡的人。在民间故事中，彩面小丑提供了一种借由创造性来有效地处理混沌的方法。拥有创造和接受的能力，而不是恐惧和抗拒的情绪，你会更有可能获胜。

最后，对失败的恐惧可能与对冒险结果的恐惧有关，与其说是我们自己的恐惧,不如说是来自他人的恐惧。换句话说,很多人对令人失望的结果感到恐惧,而我们很可能会受到他们的感染,无论他们是我们的伴侣、父母、子女、同事或朋友,还是任何其他身份的人。

然而,我们常常会误解他们的想法。因此,我们不仅过于关注他人的判断,而且对他人预期的理解也被偏见扭曲了。

几年前,在一次年轻银行家的聚会上,我听到他们的总经理告诉他们:虽然错误令人失望,但令他更加失望的是就算经过深思熟虑,也没人尝试、没人冒险。他说:"最终,我在这一行业取得了成功,是因为我有51%的时间在做正确的事情!"

如果每个孩子都能从父母那里听到类似的寄语,那该多么美妙:"我宁愿你尝试和失败,也不愿你不尝试。不尝试,不放手一搏,'不允许自己失败'——只是一味地追求这个想法;这才是唯一让我失望的事。"

我最近遇到了一位客户,他是一位40多岁的爱尔兰企业家,即将出售他的公司。他白手起家,创建了一家非常成功且有吸引力的企业。我想他肯定对有效决策略知一二,所以,我问他成功有什么秘诀。他回答说他的成功归功于他的第一个老板。当时他还是一名年轻的员工,在第一次面对困难的选择时,老板对他说了一番话:"如果你做出决定,那么无论结果如何我都能接受。然而,如果你无法做出决定,我就不得不解雇你。"

当面对艰难决策的混乱及所有可能的结果时,我们的第一个倾向很可能是拖延,最终就像脚生了根似的站立不动。然而,我们需要仰望和寻找自己真正的渴望——高悬天际的厄洛斯——将混沌转化为新现实的资源。我们的欲望本身有两面性:理性的一面和幼稚、贪玩却具有创造性的一面。只有善加利用所有的这些资源,我们才能打破由对失败的恐惧和犹豫不决造成的僵局。

2. 高处不胜寒

害怕失败的另一面是恐"高"。当我们问自己以下问题时,这种恐惧就开始了:如果它起作用了怎么办?如果我通过了考试怎么办?如果我遇到了适合自己的人怎么办?如果我中了彩票怎么办?如果我成功了怎么办?如果我在创作中发现了自己内心真正的想法怎么办?

从理性上讲,我们期望这些积极的前景会让我们充满喜悦,但它们也可能会让我们产生焦虑感。这是因为无论哪种形式的成功都会有自己的要求。它也可能让我们获得自由,如果你还记得前面讲述的关于现代奴隶的故事,就会知道,一旦他们被解放,往往会发现自己连最基本的决定都做不了。面对成功的前景,或在思想被解放时,我们很多人都会有这样的表现。对于接受自由的挑战,我们最终可能更喜欢无所作为的舒适。这有点像陀思妥耶夫斯基在《地下室手记》中对那位非正统派主角的描写:

"他为什么又非常爱破坏和制造混乱呢?……可能并非他喜欢混乱和毁灭……该不是因为他下意识地害怕达到目的,害怕建成他想建造的大厦吧?……也许人类生活在世上追求的整个目的,仅仅在于这个达到目的前不间断的过程,换句话说——仅仅在于生活本身,而不在于目的本身,不用说无非二二得四,也就是个公式,可是,诸位要知道,二二得四已经不是生活,而是死亡的开始了。"11

再一次,在陀思妥耶夫斯基的陪伴下,我们重新审视了深渊上边令人生畏的空间——介于选择和混乱之间的某个地方。陀思妥耶夫斯基告诉我们,恐"高"不是对眩晕的恐惧(一旦我站上去,一旦我实现目标,会发生什么情况?),而是对成就的恐惧(要是我达到了那样的高度会怎样?接下来我要去哪?)。在他看来,达成我们追求的最终目标恰是死亡的开始。就此而言,他与但丁(Dante)的观点遥相呼应,即"最骇人的地狱是我们对追求的东西已经厌腻了"。12

陀思妥耶夫斯基强调的是,恐"高"不一定与(隐喻的)高度有关,而与时间相关联。希腊人有两个不同的时间概念:柯罗诺斯(chronos)和凯洛斯(kairos)。

从柯罗诺斯的角度看,每一秒都具有相同的权重,时间以线性的方式流走,我们达成目标的准确时刻几乎是偶然的。然而,从凯洛斯的角度看,这是非常重要的,因为凯洛斯不是定量地(即按时序)测量时间,而是定性地测量时间。"kairos"这个词本身的意思是"恰当时机,完美时刻"。在到达顶峰时,陀思妥耶夫斯基的那位非正统派主角并不关心大厦的高度,或柯罗诺斯的时刻。他关心的是凯洛斯:登上顶峰将会把他带向何方?

> **决策向导**
>
> 在做出了决定并为达到目标付出努力之后,实现目标的那一刻应该是一个胜利的时刻。然而,我们需要注意提防空虚感——一种反高潮的感觉,因为成功毕竟不会彻底改变生活;或许这会导致让我们无力应付的生活变化。有时,我们甚至可能会拒绝做决定,因为事先知道自己缺乏资源去处理成功带来的影响。

这指向了两个危险:当我们忽视凯洛斯,并生活在时间的错觉中,认为其只是符合柯罗诺斯的逻辑时,第一个危险就会发生。这会导致我们拖延,因为在按时间顺序排列的世界里,明天和今天相似:拥有24小时的另一天,对今天的"D"而言只是"D+1"而已。在这个存在柯罗诺斯和拖延（procrastination，在这个词的拉丁文中，pro意为"很多"，crastinus则为"属于明天的"）的世界里，我们觉得时间完全在我们的存在之外。我们都知道那些按照可预测的单调步伐过日子的人，这个步伐取决于柯罗诺斯，即在目前的情况下只会做出容易的决定，而具有挑战性的选择会被推迟到另一天。因为明天是一个理想的空间，因而似乎总是为事情的理想化提供最大的可能。这些人错过了凯洛斯的感觉，即事情发生的理想时刻，当我们的星星连成一线时的偶然时刻。在他们的世界里（没有凯洛斯的世界），每时每刻都被视为人生的预演。在这里，我们会遇到一种虚幻的信念，即将一项决定推迟到明天不会造成任何后果，而且不会影响这个人或他们的决定。

遗憾的是，我们知道事实并非如此。拖延不是拒绝做出决定，而是及时"冻结"决定，这意味着决定仍然未被决定。因此，正如我已经说明过的那样，拖延不会将做决定的痛苦推迟到另一个遥远的日子；相反，它会通过从现在到那时的每天、每分钟的延展，使痛苦成倍增加。

> **决策向导**
>
> 拖延会使犹豫不决长期存在。从本质上讲,这不是一种令人满意的经历。你可能会认为自己推迟了做选择的痛苦,但实际上你正在将这种痛苦延续到未来。正如未履行的责任会让良心不安一样,拖延也会给人带来精神压力。

与前文对立的危险则住在凯洛斯,沉浸在成就的荣耀中,俯视整个世界,在一种不可抑制的优越感的刺激下生气勃勃。这是没有柯罗诺斯的凯洛斯,也是陀思妥耶夫斯基书中的人物所说的"死亡的开始"。我想起在国家大剧院看过的一部戏,名叫《人情世故》(People, Places and Things),在戏中艾玛(Emma)是一个瘾君子,她以威利狼(Wile E. Coyote)为比喻来形容自己的毒瘾:"只有当威利狼向下看时,才会坠落。它跑着冲出悬崖,一直在半空中奔跑。只有当它往下看,才会发现自己因为重力的作用在下坠。"

我们的决策也是如此。我们的人生从选择开始,但如果开始恐"高",然后往下看,那么,会发现重力在起作用,生活便无法持续。詹姆斯·霍利斯写道:"恐惧是大敌,尤其是对博大的恐惧。我们内心的远大志向最易令人胆怯,以至于我们常常不敢听从内心的召唤,而是等着别人对我们发号施令。"

3.认同恐惧

对适得其反的恐惧的另一个变种是可以通过对艺术史的探索来说明的。达·芬奇的早期作品《博士来拜》(约1481年)悬挂在佛罗伦萨的乌菲齐美术馆(Uffizi Gallery)中,他的《天使报喜》(约1472—1475年)也存放在那里。它们是该美术馆中两幅珍贵的画。

佛罗伦萨圣多纳托教堂的修士委托达·芬奇绘制《博士来拜》,他接受了任务。但他第二年(1482年)去了米兰,这幅画也就没有完成。

梵蒂冈的西斯廷教堂是以教皇西克斯图斯四世的名字命名的,当教皇找寻画家为该教堂绘制壁画时,招募了当时有才华的艺术家,其中包括波提切利(Botticelli)、佩鲁吉诺(Perugino)、平图里基奥(Pinturicchio)和吉兰达约(Ghirlandaio)。在教皇的继任者尤利乌斯二世(Julius II)和利奥十世(Leo X)的领导下,后来团队中又加入了米开朗基罗(Michelangelo)和拉斐尔(Raphael)。米开朗基罗为该教堂绘制了那幅著名的穹顶画,拉斐尔设计了挂毯和私人寓所。然而,该计划缺少了一个人的名字,也许是他们当中最杰出的艺术家——达·芬奇。当时,达·芬奇已经获得了很大的名声(虽然有一定的争议),不仅因为其作品的质量无人企及,还因为他有过没有完成别人委托给他的任务的"前科"。《博士来拜》只是对一个为人熟知的故事的再版,而为教堂绘制壁画则相对更重要,教皇西克斯图斯及其继任者都不愿意冒那么大的风险去请达·芬奇。

达·芬奇可疑的名声缘何而起呢?毕竟,这位多产的天才不仅革新了艺术(在绘画中运用晕涂法,一种柔化色彩的技术),还革新了科学,从他遗留给我们的五卷数百页手稿中不难看出这一点。

达·芬奇有多幅作品未能完成,有一种解释是他用新的绘画技术和材料进行了一些灾难性的实验。以他在米兰的圣母玛利亚感恩教堂的食堂的一面墙上画的《最后的晚餐》为例,该画作在完成后不到20年,就开始出现腐败的迹象。

然而,这只是故事的一部分。达·芬奇留下许多未完成作品的另一个原因是:如果他意识到画作没有如初期承诺的那样有成为杰作的可能,就会很快着手进行新的项目。

达·芬奇曾经说过,在开始创作之前,他的画就已经在他的脑海中完成了。偶尔,这会让他创作出一些历史上美丽而令人难忘的画作,但他的愿景并不总能如愿变成现实。所以他以销毁任何令自己失望的草图或绘画而闻名。

困扰达·芬奇的是他害怕完成一幅他预期无法达到自己标准的作品。他宁愿早早地承认失败,而不愿把这些"劣质"作品挂在公共场所或私人宫殿里供人们观看和批评。他恐惧自己将会与那些他认为"劣质"的艺术作品永远联系在一起。

这就是对认同的恐惧,认为任何对我们创造的东西的批评都是对内在自我的批评。我们内心的声音告诉我们:你做什么,你就是什么样的人。这不只是我们内心的声音,我们的父母、老师、领导、客户等可能也在重复同样的话。

当我还是个学生时,在伦敦的一家投资银行实习。我记得一位资深的同事在她的办公室墙上钉了一幅《蒙娜丽莎》的彩色A4打印画,上面写着"把你做的每一件工作都当成你的自画像"。我不确定当我看到这句话时是很受鼓舞,还是感到恐惧。

事后看来,我选择的是后一种反应。认同自己的工作,更普遍地来说,认同自己的行动,是恐惧的共同根源,会阻碍我们做出有效的决策。对许多人来说,这种恐惧会产生巨大的压力和焦虑。这也是我们有时拖延决定是否应该承担一个项目的另一个原因:我们担心自己的名字将永远与企业联系在一起,而企业会在某种程度上定义我们,而且这样做也必然会限制我们。

这种限制标志着自我监禁了原我。在某种程度上,我们意识到以这种方式施加的限制有损害我们的潜力和削弱我们的生命力的风险。

此外,这种限制为我们创造了人为的边界,从而缩小了我们活动的范围。因此,对身份认同的恐惧也是对狭隘的恐惧。

卡尔·荣格曾经幽默地说我们都穿着太小的鞋子走路。詹姆斯·霍利斯写道："我们生活在自己旅途的狭隘视野中，还要诉诸旧的防御策略，不知不觉地成了自己成长的敌人，走到了胸怀博大的反面……"[13]我们重复地生活，而不是开拓新天地。我们的决策变得胆怯。

对霍利斯来说，根本问题在于我们认同唐纳德·温尼科特（Donald Winnicott）提出的"虚假自我"，它由"我们从对家庭和文化动力的内化中衍生出来的价值观和战略"组成。[14]胸怀博大是人人皆向往的，而虚假的自我会阻止我们成为那样的人。

最终，我认为我们最应该害怕的认同不是对自己行动的认同，而是对自己虚假部分的认同。它侵占了我们真实的灵魂，模糊了对"我们是谁"这个问题最有意义和最深刻的表达。

决策向导

当我们允许自己做真实的自己时，最好的决策就会出现。担心一项决策或其结果会让我们在别人面前表现如何可能会导致糟糕的选择，并让我们丧失达到任何目的的希望。

虚假的自我也会对我们的旅程投射出一种过于宽泛而非现实的观点。当我们认为某些机会"对自己来说还不够好"时这种情况就会发生。它源于一种自我重要性的感觉,而这种感觉通常具有一种补偿性——只补偿那些我们认为自己可能缺失的东西。因此,如果我们感觉一个项目不值得自己付出努力,它就可能反映了一种恐惧,即我们有可能达不到生活对我们的要求。

因此,每当对做决定感到不安时,我们就应该保持警惕。如果我们担心自己的努力将被打上不可磨灭的烙印,那就让我们记住其他选择肯定会更糟:我们不在任何东西上打上烙印,它就不会被看见,就会变得微不足道,并容易被遗忘。

4.害怕缺乏认知

由于恐惧大多是非理性的,因此一种恐惧会很容易转变为对它反面的恐惧。我们可能害怕认同,但同样可能容易屈服于它的反面:害怕得不到认同。例如,当我们逐渐了解了一个打算执行的项目,但在最后一刻,出现被一连串怀疑俘获的情况:我为什么要这样做?这真的适合我吗?我为什么要费心劳神呢?为什么其他人不能这么做?恐惧在于,这个项目不适合我们,还会耗费我们的时间和精力,从而打乱我们个人的日程安排。这种害怕被认为是想当然的、不受尊重的。

我的观点是：如果我们真的有个人的日程安排，这个问题就不会发生在我们身上。清楚地了解自己要干什么、该走什么路的人是不会面临这个难题的。他们可以说"否"而不必内疚，可以说"是"而没有怨恨。那些对拒绝确实感到内疚的人，其实不是对自己的选择会如何影响他人表示悔恨。更大、更深的内疚来自他们对日程安排的感觉：如果不掌握自己的日程安排，就背叛了自己。

当然，你可能会有相反的选择，选择说"是"而不是"否"。在这种情况下，你内心的怨恨可能会积聚：因被动地接受一些符合他人利益而不符合自己利益的东西而怨恨自己。此时你就远离了无私带来的喜悦。

矛盾的是，我们对自己的日程安排的意识感越强，在这方面就越容易、越有可能乐于接受在日程安排中分心。

这就是同理心的影响如此强大的原因。同理心使我们偏离自己的日程安排，而对他人给予应有的关注。同理心是自发的，不可能是一个准备完善的计划或任何议程的一部分。此外，同理心是培育人际关系的要素。

> **决策向导**
>
> 决策往往是一种狭隘的个人操作：我们有自己的议程，寻求能够推进它的决定。然而，一个全面发展的人总会在决策中允许同理心发挥一定的作用。通常，如果我们能站在他人的立场上，设身处地地为他人着想，就会对他人的观点产生清醒的认识。当这改变了我们的决策时，就表明超越自身利益的关系取得了胜利。

关于这个话题，作者和研究者布琳·布朗描述了脆弱性是如何成为我们的强烈恐惧之一的。它驱动着许多其他的恐惧，包括此处我们正在考虑的恐惧，即害怕得不到认同。然而，这种脆弱性也可视为一种资产；它与同理心紧密相连，通过扩大我们的情感视野而丰富我们。

一个没有同理心的世界将是一个苦寒的生活之地，人们彼此分离，被困在隔绝的寒冰中。但丁在《地狱》第32章对位于深渊最底层地狱即第九圈的寒冰地狱（Cocytus）景象的描述："当他们否认神的爱时，离太阳的光和温暖也就最远。因为他们否认了人类的所有联系，所以只能被束缚于坚硬的冰中。"[15]

5.对自私的恐惧

如果我们选择生活在一个相互联系的世界中,那么可能还要面对另一种恐惧:被视为扰乱他人,或自私行事。

当然,我们不能期望自己的每一个行为都会造福周围的人。与此同时,我们的道路不能一直被这种关切所阻碍。只有立足于自己的个性,我们才能真正为他人服务。这里最需要的是,对自己边界的健全认识,以及对自己心理地图的清晰理解——与他人共享的地带和仅属于自己的地带。

此外,人们感到被我们所说的或所做的事情伤害和人们真正受到伤害之间有很大的区别。我们不对人们的情绪状态负责,只对自己的行为和意图负责,确保自己不会故意或因大意对他人造成伤害。

卡尔·荣格画了下面这个表示人类心灵的简单符号,其中外圈代表原我,中心点代表自我:

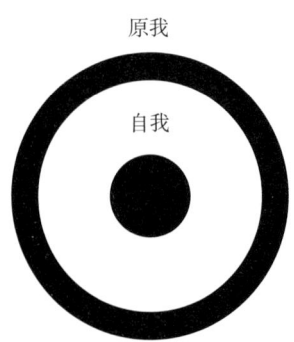

第一部分　犹豫不决

原我是荣格的一个原型，代表一个人的意识与无意识的统一，是通过个性化走向整体来实现的。

我们需要原我和自我的结合才能作为人类正常"运转"，而强烈的自我意识，即我们意识的中心，正是我们心理构成的核心。只有做出不是自私而是"自我"的决定，将自我扎根于原我之中，我们才能真正地利他。如果我们能做到这一点，照顾他人的行为就会成为一种提升我们的礼物，而不是一种我们可能会憎恨的牺牲。

当我们对别人说"我想要你选择"时，情况则会往相反的方向发展。如果这意味着"我非常慷慨，以至于可以无私地给你想要的一切，却不相信你有同样的能力"，那更可能是一种冒犯。此外，如果听任你自行其是确实能让我快乐，那么我为什么还要剥夺你同样拥有的权利呢？

如果双方都不确定最佳的行动方案，那么将决策权委托给其他人只是一种让别人对结果负责的令人不舒服的方式。

最终，当意志不是来自强烈而集中的自我意识时，就很可能是一种被动表现（你，因为你是别人，所以比我更有资格决定）、被动攻击（我们不妨按你的方式做）或自大（我，独一无二，有能力为他人带来快乐）的行为。这是三种特别不自信的行为。

总之，如果我们有理由相信自己的性格是真正自私的，那么对自私的恐惧才会在我们的生活中占有一席之地。唯一可以被接受的解决办法不是推翻我们的决策，而是温柔地去看护我们的心灵，开始探索那种因不带有任何期望的给予而带来的喜悦。

战胜恐惧

为了完成对与决策有关的恐惧的审查,我们应该注意到还有两种额外需要反思的倾向。这两种会加剧我们恐惧的强有力的引擎是"对恐惧的恐惧"及"对恐惧的快感"。

"对恐惧的恐惧"的另一种表达方式可能就是"恐慌"。当我们对威胁的反应与威胁本身不相称时,就知道自己被控制了。如果你不喜欢开车,那么在开车之前你感到的恐慌可能是对自己目前状态的恐惧,而不是对实际驾驶的恐惧。

这同样适用于我们做决定,尤其适用于做琐碎的决定,例如选择在哪家餐馆吃午饭,或者在最终预订的餐馆就座之后点什么菜。因为这些不是改变生活的决定,所以与之相伴的焦虑可能是由害怕做出一个糟糕的选择,而不是由选择本身及其可能的结果引起的。恐慌让我们把前者和后者混为一谈,并且对在两个同样有效的选择之间做出决定的恐惧加剧了这种两难的处境。

当然,恐慌也适用于极端的情况,其中包括"对所有恐惧的恐惧",换句话说,即对死亡的恐惧。显然,很少有决定是生死攸关的,但与此同时,有些人表示反对,因为我们活在地球上的时间是有限的,必须谨慎决定,而且要精打细算。例如,对错过的恐惧可能与时间将要耗尽的感觉,以及不管机会本身是否对我们有利,它都不会再次出现有关。

与把握今天(carpe diem)相反,这种态度可能更像是留住今天(serva diem)。其背后的想法是:在一个理想世界里,如果我们能永远活着,就不必担心我们的决定,因为我们可以尝试一切,永远不必害怕消极的结果。但生活真的会这样吗?

在此阶段,值得简要地探讨一下的是,当人们没有死亡的压力时是如何生活的。我们也许不会遇到不朽者,但可以用神话和文学来思考那些被上天赋予永生的人物的命运。

在希腊神话中,长生一直是关于普罗米修斯、纳西索斯和提托诺斯的戏剧性故事的特色。后者发现永生如此令人难以忍受,以至于恳求众神让他成为凡人。

说一些离我们更近的人,豪尔赫·路易斯·博尔赫斯(Jorge Luis Borges)在其短篇小说《不朽》(The Immortal)中表达了这个观点:生命从死亡中汲取其真正意义。这个故事讲的是整个社会在实现了不朽之后,失去了采取任何行动的动力。

在另一端,我们有莫扎特(Mozart)为例,他对自己创作的天赋追溯到在他短暂生命的早期意识到自己会死亡的时候。

"对恐惧的恐惧"的对立面是"对恐惧的快感"。这与决定的快感大相径庭。对于后者,我们对取得积极成果的前景感到兴奋。然而,对恐惧的快感是非理性因素和它引起的恐惧所导致的兴奋——

这是一种瘾。受其影响，人们也许在做决定时不会遇到困难，但很可能在处理结果时有问题。如果有疑问，请询问赌徒和伦敦金融城的交易员的意见！

在了解了这7种恐惧及其衍生物之后，我们还想知道它们会把我们带去哪里。事实上，在决策的边缘，我们正面对着一扇锁得紧紧的门。我们还没有得到钥匙，只有一些线索可以说明我们是如何通过某种恐惧而轻易失败的。

接着是进一步的指导。然而，在寻求答案的过程中，你可能会发现透过那扇门的钥匙孔往里窥视，看门的另一边有什么是很有诱惑力的。门锁是荣格绘制的人类心灵图的外圈，而钥匙孔是自我，即圆圈中央的黑点。

荣格认为，我们在生活中经历的冲突往往是我们内心冲突的反映，因此，它们可以引导我们更好地了解自己。

那么，当我们透过心灵的棱镜从外面往里看房间时会发生什么呢？除了恐惧之外，我们还能看到什么？获得通过锁孔往里看的第一手经验，我可以承认，这里有令人兴奋的消息，但也有不那么让人激动的消息。

好消息是绝对有可见的光，这给了我们信心，说明路径是正确的。但是我们必须做好准备。因为若要战胜恐惧，接下来我们还有更多的挑战要面对。

第四章　透过镜像

在《爱丽丝梦游仙境》的续集《爱丽丝梦游仙境2：镜中奇遇记》中，年轻的女主角穿过一面镜子，爬入一个超现实生物居住的梦幻世界，那里的一切都是颠倒的，甚至逻辑也是反的。爱丽丝在那里发现了一本看似用神秘语言写成的书，但是若把此书举到镜子前，她就能读懂那些反写的字母。

在我们的决策领域里，隐喻之门和钥匙孔的另一边有一个反转的世界在等待着我们。在那里发现的恐惧与上一章探讨的恐惧不同，它是我们通过原我－自我这个"钥匙孔"看到的反向投影。换句话说，我们发现的决策恐惧反映了我们内心更多和更深的恐惧，而这些恐惧源自童年时期。根据荣格派精神分析学者詹姆斯·霍利斯的说法，这些恐惧分为两大类：对不足或被抛弃的恐惧（不够带来的恐惧）和与之相反的对淹没的恐惧（过多带来的恐惧)。此外，必须指出，它适用于所有人，而非只针对有心理问题的人。

例如，前文所说的对失败的恐惧可能是对能力不足的更深层次的恐惧的转化。由于失败，我们常会觉得将要失去对自己至关重要的东西，比如感情、时间、机会、金钱和安全感。同时，我们也可能担心我们的失败会让自己依赖他人，并使自己被淹没，即原我的淹没。

童年时，你的心灵若受过内在的淹没/不足的焦虑的经历的影响，那么在以后的生活中，你很可能会对彼时所缺乏的东西进行过度补偿。例如，一个没有得到足够的爱的孩子，可能会对长大之后的人际关系有很强的依赖性，或者总有一种自卑感。

说到决策，如果我们陷入类似的状态（弗洛伊德将其称为"强迫性重复"）中，那么可能会突然发现每个决策似乎都被贴上了"不可能的任务"的标签。

这解释了为什么我们需要挣脱这种状态，并拓展自己的意识。否则，其风险在于，我们会越来越容易养成一种虚假的自我认同感，进而陷入心理学家杰弗里·E. 扬（Jeffery E. Young）和珍妮特·S. 克罗斯科（Janet S. Klosko）所说的"生命陷阱"中。[1]

通过研究，他们确定了11个可能让我们受困的地方。一旦我们成为这些生命陷阱的牺牲品，童年时期对我们伤害最大的情境最终会在以后的生活中重现。

11个生命陷阱如下所示：

- 抛弃：害怕被你的伴侣或其他对你很重要的人抛弃。
- 不信任/虐待：你不信任他人或往往发现自己处于受虐状态。
- 情绪剥夺：你觉得自己永远不会得到所需的爱。
- 依赖：你感觉自己没有别人的照顾就无法生活下去。
- 缺陷：你尽管可能不知道是什么，但觉得自己在某些方面存在严重的问题。
- 社会排斥：你觉得自己像个局外人，无法很好地融入人群中。
- 失败：基于糟糕的成功记录，你觉得自己是一个失败者。
- 应该拥有：你觉得这个世界欠你一些东西。
- 受到抑制：你感觉受到了其他人的控制。
- 脆弱：你感觉有些可怕的事情可能要发生在自己身上。
- 严苛的标准：你觉得必须不断地督促自己，没有时间休息或享受。

如果我们在什么地方被困住了，那么确定"哪里"是改变自己的狭隘的世界观，追求博大的胸怀的第一步。从过于狭隘的视角来看，我们会发现做出好的决策超出了我们的能力范围。但是，一旦原我的视野以这种方式扩展开来,奇妙的新选择就出现了。

至此阶段,我们得出了以下结论:

- 与决策有关的恐惧可以隐藏从童年时期遗留下来的其他更深层次的恐惧。
- 淹没和不足是两种来自童年的恐惧,破坏了我们的世界观,并遍及我们其他的恐惧。
- 除非解决与淹没和不足有关的问题,否则,我们就会有受困于11个生命陷阱中的一个或多个的风险。

从电视剧中我们得知,一个优秀的侦探可以通过抓住在别人看来不相干的细节进而破获案件。

如果我暂时模仿一下那皱眉头的老侦探麦克,就会注意到我们的7种决策恐惧和11个生命陷阱之间有着不可思议的互补性。例如,对自私的恐惧掩盖了对被拒绝(因为自私而被拒绝)的更大的恐惧,因此就会掉入"社会排斥"的生活陷阱中。

第一部分 犹豫不决

> **决策向导**
>
> 用童年遗留下来的精神创伤来识别错误的或令人恐惧的决策似乎只与一小部分人有关：那些可能会因治疗而受益的人。然而，事实上，这些创伤是很常见的，可以影响我们所有人。如果我们可以足够诚实地探究自己的不安全感，那么我们的决策肯定会得到改进。

7种决策恐惧	他们说什么	他们隐藏什么
拒绝更好的选择	我可能会错过	我会被拒绝
选错	这个选择可能在哪个地方有问题	我有点不对劲
失败	该计划可能会失败	我是一个失败者
恐高	这些事情可能全都会失败	我会崩溃的
身份认同	这个想法可能会对我很有帮助	我的生活很空虚
缺乏认知	我可能不会因此而受到重视	我不配
自私	我给人的印象可能是自私的	我是自私的

然而，我们探索的7种恐惧是关于决策的，而生活陷阱则是关于我们自己、我们的个性、我们内心的活动方式的。这种领悟提供给我们一把重要的钥匙。透过荣格对心灵的描画来看（你一定还记得，我无礼地将其称为锁和钥匙孔），我们对决策的恐惧真的是对自己的

恐惧吗？隐藏在"真"话背后的真实感受确实有点像上面表格中的表述。

这些是我们可以透过钥匙孔辨认的深层恐惧。它们也可以被视为洞察力：它们告诉我们为什么当需要做决定时，我们的心灵偶尔会在希望它加速的那一刻踩刹车。

因此，仅仅透过钥匙孔窥视是不够的。如果我们希望真正开始决策，并朝着正确的方向前进，那就需要打开大门，踏上在另一边等待着我们的那条道路。这是我们探索自己的意志陷入困顿之处，也是我们回答"你在哪里"这个问题的地方。

第一部分 犹豫不决

● 关键技能之一　如何管理风险

决策涉及风险。这是我们必然要接受的，而承担风险是该复杂问题的一个关键组成部分。

没有风险的日子会是一种多么单调乏味的生活，尽管这种想法乍一看如田园诗般美好。最终，错过机会的感觉将开始蚕食你的幸福感。你会苛责自己的懒惰，或感叹自己的怀才不遇。没有人把你当成一个值得共同冒险的同伴。你在同龄人中的声誉会贬值。不管在道德上还是精神上，你都会意气消沉、畏缩不前。

在商界，风险通常被视为一种与回报成正比的代价。风险太大，你是在赌无法衡量的财富，而不是你极不情愿失去的东西；风险太小，你最终的收获也不会有多少。

对风险的健康心态是基于认知和勇气的，认知包括知道利害攸关的是什么、回报是什么，并对你如何实现它们有很好的判断力；而勇气包括能够走出失败阴影的心理韧性，以及某种享受挑战的感觉。

四种对策

看到风险,你将面临四种明确的选择:接受、减少、转移和避免。尽可能地在减少风险而不减少太多的回报后进行接受是最好的选择。转移风险意味着让其他人参与到你的企业中来,如寻求资金支持。避免意味着要么接受现状而决定不进行新的冒险,要么寻找一种更安全的方法来改变令人不满意的现状。

高效且充满积极性的商人会朝着自己的愿景奋斗,他们知道一路上会遇到挫折,往往需要临时改变战略。失败比成功更能给人以经验教训。朝一个方向走走,然后再换另一个方向走走,因为应不断变化的环境而重新调整旅行方向是成长经历的一部分,无论是个人还是集体皆是如此。

学会抛弃"失败"这个词带来的耻辱感是所有商界人士的一项关键技能。在神经语言疗程(NLP)的治疗中,受试者被告知没有失败这回事,只有反馈。措辞是个人选择的问题,尽管谈论个人的失败是不合理的,但能够毫不尴尬地谈论项目的失败是合理的。

全面思考

不管遇到什么样的商业风险,制订应急预案和缓解方案都是有

好处的。管理者应考虑所有可能发生的情况。有些管理者可能会说"难以想象",但这是一种危险的言论,原因有两个:

第一,可能出现的糟糕的结果恰恰是那些应该坚定不移地面对的,而不是像那些像灾难一样因为没有人愿意考虑而被推开不管。

第二,将结果贴上"难以想象"的标签,不可避免地让人们认为:如果结果能够实现,灾难就发生了,而令人满意的应急预案最好能让最坏的情况处于每个人都能接受的范围内。

实际上,风险管理应该是每个项目的关键部分。向有相关经验的人征求意见是评估过程的重要组成部分。同样重要的是沟通:项目经理往往不会向其汇报对象适当地、简要地报告有关风险的情况。所有赞助商都应参与到沟通循环之中。

明确是谁在控制风险也很重要。如果这一点从一开始就很明显,那么风险可能会得到更好的监测和控制。相反,如果此问题不明确,那么失败的结果之一可能是陷入混乱和相互指责之中。

最后值得强调的一点是,任何事情都有内在的机会和风险,两者都应受到同等的审视。无视有可能发生的有利的一面,只关注有可能发生的不利的一面,是一种不平衡的方法,对任何人都没有好处。你需要为事情进展和不顺利都备好预案——这就是积极应变的艺术。在研究如何最大限度地利用有利的结果上,花费多少时间都是值得的。

● 关键技能之二　如何做到超然

> 只有立足于自己的个性,我们才能真正为他人服务。

"超然"是一个很复杂的词。个人在商业环境中的工作通常是为了集体利益行事,而不是为了促进自己的事业。这并不意味着关心自己的事业是错误的,只是积极地扮演你同意承担的角色涉及重新调整你的个人兴趣,有时还可能会取消它们的优先级。

隐藏的动机

这样的方法说起来容易做起来难。一个复杂的因素是,个人动机往往潜伏在头脑的表面之下,从而在我们不知不觉的情况下影响决策。工作中可能存在无意识的偏见。例如,除了有助于职业发展外(你的决策将如何出现在那些有权支持你的人眼中),还包括:

个性偏好:例如,选择与你喜欢的人打交道,而不是与最佳人选打交道,因为这些人可能在某种程度上是喜怒无常的。

结果的速度：急于看到结果，并为其赢得声望，可能会不利于你选择一个从长期而言对你的公司更有利的结果。相反，如果你知道当结果最坏的方面浮出水面时自己已全身而退，就可能会选择较晚出来的结果。

易于获得支持：这实际上是一种同侪压力。你知道自己的首选有因缺乏支持而陷入困境的风险，所以你选择实力政策而不是理想主义。

灰色阴影

在所有的这些例子中，我们有不同的方式来看待这种情境。如果良好的沟通是最重要的，那么个性偏好可能就是有效的。特定的结果速度可能在制度上以及对你自己都是有益处的。若是做出一个你知道会被否决的选择通常是没有意义的，尽管如果每个人都这样想，就不会有什么特别的成就。

同样，个人偏见会开始发挥作用。你如何看待自己的动机——是对每个人最好，还是对自己最好——是你可以做出的选择。如果你想尽可能地做到公正，对自己绝对诚实，那么以一种成熟和深思熟虑的观点让自我与原我更加紧密地联系在一起是至关重要的。

价值维度

价值维度涉及个人价值观。只有遵循自己的价值观，你才能说自己是在真正地做事；而真实性是你在代表他人时所用工具包的重要组成部分。当你被招聘到这个职位或担任这个角色时，说明你得到了完全的认可。道德的自我与执行的自我是不可分割的。然而，你有时会发现它们彼此是争执不休的。

特别是，企业中偶尔出现的业务陷阱是为了追求利润而不顾个人利益的。举一个明显的例子，一位经理被要求解雇一位对公司忠诚的员工，其原因与他或她的业绩没有任何关系，而是与比如由于市场低迷需要削减成本这样的原因有关。

为了应对这些复杂性，明智的做法是制订你自己的道德准则，并在进行商业决策之前审视一下这些准则。这种偏见是不容忽视的。你要考虑自己的决策对所有利益相关者的影响。在做具有广泛影响的决策时，你要咨询一下他人的意见，因为无论你有多么地善于移情，你的个人观点都可能会因为过于狭隘而无法理解这些意见。请你回顾过去决策的结果，并从自己犯的任何错误中吸取教训。对自己的错误视而不见是一种偏见，总是会危及未来的结果。

第二部分

你在哪里?

第五章　原我的启动者

> 也许我们生活中的一切恶龙都是公主,她们只是等候着,美丽而勇敢地看一看我们。也许一切恐怖的事物在最深处都是无助的,想向我们求助。
>
> ——莱内·马利亚·里尔克,《给一个青年诗人的信》

思考一下我们探索的第一阶段把我们带到了哪里。我们是从犹豫不决的症状开始的。然后,我们进一步探讨了防御机制和让我们却步的恐惧,并意识到这些恐惧反映了我们对于原我的更深层次的恐惧。上一章我们结束于"原我",这也正是新的一章的开始之处,因此本章的标题与此相关。

第一部分最后结束于对原我的威胁,即原我是一个潜在的"受害者"。现在第二部分从能够发挥积极主动作用的原我开始讲起,也就是说,原我是解决方案的一部分,而不是问题的一部分。

换句话说,我们结束了讨论恐惧决策对原我的影响(implication)的第一部分,现在将转向"原我在决策中的影响"这一议题。

此处,implication(影响)这个词有两种不同的含义:

· 在实质上或过程中"涉及"某人或某物,例如当某人参与某个项目时,我们期望他或她交付结果。
· "牵涉"犯罪,例如根据现有证据,证明某人与犯罪有牵连。

因此,原我如果涉及决策,那么必须是:

· 积极主动地承担责任。
· 对决策的结果负责。

我认为在任何缺乏决断力的行为的背后都缺乏原我的影响。

例如,我们经常听到优秀的领导者不怕做出错误的决策的说法。我认为它真正的含义是:他们不怕牵连自己(即他们的原我),也不害怕一个坏的决策会影响他们(即他们的自我)。相反,他们视此为作为领导者应该准备接受的风险之一。因此,他们确保自己能够充分参与到决策中。这意味着无论结果如何，他们都会支持自己的决策。如果决策的结果（或看起来可能会）与预期的方式不同，那么他们不排除重新考虑该决策的可能性。但是，即使在这种情况下，他们也不会否认最初的决策。他们对决策的影响是完全的和彻底的。

我们前面碰到的一个词是"难题"，根据我的经验，这不是大部分领导人会使用的词。他们更喜欢谈论"困难的""具有挑战性的""艰难的"或"需要下很大决心的"的决策。难题是不基于原我的一种选择。从词源学上讲，难题就是一时兴起的结果。它往往会导致肤浅的决策。

在17世纪法国剧作家皮埃尔·高乃依（Pierre Corneille）之后，在极端情况下，难题变成了"高乃依的选择"或"高乃依困境"。在这种令人畏缩的场景中，主角必须在两种行动方案之间做出选择，而这两种方案要么会对主角产生灾难性的影响，要么会对主角身边的人产生影响。这就是罗德里格（Rodrigue）——高乃依的戏剧《熙德》（Le Cid）中的主角要做的事情。他需要在施梅娜（Chimène）的爱和被施梅娜的父亲冤枉的家人的荣誉之间做出抉择。这是一个艰难的决定，一方面是不要爱的复仇，另一方面是不要复仇的爱！

从这些悲剧中我们能学到什么？根据荣格派精神分析学者詹姆斯·霍利斯的说法，它们之间的共同点是自我疏远。霍利斯描述了它是如何成为希腊悲剧的题材的，其中主人公要在有限的自我认知基础上做出有缺陷的选择。一个"受到损伤的自我观和世界观"会导致糟糕的决策和不良的后果。这种经验是普遍和永恒的,在现代生活中俯拾皆是。[1]

这些悲惨境况的核心是缺乏意识和原我的影响。这不是一种原我有意从某种情况下退出的问题,而是我们痛苦地意识到,在我们最需要原我时,原我已经抛弃了我们。然后,原我腾出的空间会被其容易获得的代用品占据,这就是"假原我"。

我们都容易受到假原我的诱惑,但为吸引我们的那部分虚假的原我而付出的代价是自我疏远,以及它产生的所有的破坏性后果。

1966年,约翰·弗兰克海默(John Frankenheimer)执导了科幻电影《第二生命》(Seconds),其讲述的是阿瑟·汉密尔顿(Arthur Hamilton)的故事。汉密尔顿是一位住在郊区的中年银行家,曾有过成功且有意义的事业,但对自己的私人生活和职业生活均感不快。有一个秘密组织找到他,承诺可以通过先进的医疗技术,给他换一个年轻男人(由罗克·赫德森饰演)的身体,让他开始新的生活。从那时起,被认为已经死亡的汉密尔顿过上了一种比他以前经历过的一切都更迷人和更令人兴奋的生活。但他仍然不满意。影片最后明确指出任何对修复外在原我的尝试都不能解决内在原我的危机。这也暗示着一旦虚假的原我崩溃,真正的原我同样会步其后尘。对汉密尔顿来说,它们都消失了。

第二部分 你在哪里？

自我疏远意味着原我已经脱离了我们、躲开了我们，反之亦然。因此，我们必须寻找它，无论它位于何处，哪怕是在它最黑暗的巢穴里。

很显然，《圣经》中最短的问题就是上帝的第一个问题。在《创世记》的第3章里，亚当和夏娃刚吃了禁果，意识到了上帝的存在，便躲到树后。这时，上帝问了亚当一个简单的问题："你在哪里？"在希伯来语中，这个问题更短，实际上只有一个词："Ayeka？"

在《圣经》的第一卷里，上帝首先问了自己创造的第一个人一个最基本的问题，只有一句话，意思是："你在哪里？"我们自然可以假设上帝完全知道亚当的身体藏在何处：他问的是亚当的本质。

在《人类之路》（The Way of Man）一书中，在奥地利出生的哲学家马丁·布伯反思了这个问题的含义："在每一个时代，上帝都呼唤每个人，'你在自己的世界的哪里？分配给你的岁月已经过去这么多天，这么多年了，你在自己的世界里走了多远？……你取得了多大的进步？'"[2]这也是我们应该问自己的一个基本问题。在个人（即社会、心理、精神、智力和道德）成长方面，我们究竟在哪里？同时，我们如果感到陷入了困境，那么应藏身何处？

隐藏会带给我们一种虚假的安全感。在童年的捉迷藏游戏中，我们也许找到了一个很妙的藏身之处，但放弃了任何形式的控制，搜寻者找到我们无疑只是时间的问题。当我在意大利写这一章时，我的罗马朋友提醒我：捉迷藏游戏的意大利语表达方式是cacciare cacciata，字面意思是"搜寻猎物"。在任何狩猎游戏中，我知道我宁愿当猎人，也不愿当运气不佳的狐狸！

在这个简单的游戏中，如果"搜寻"的时间不够持久，乐趣就会减少。"搜寻"就是揭示"隐藏"的东西的过程。重点不是找到猎物，而是寻找猎物的过程。我们搜寻的时间越长，游戏就越有意思。

因此，如果一直以来，我们都以出色的才能和全身心的投入来隐藏原我，那么，现在就让我们以有意义的方式去寻求原我吧。最重要的不一定是我们找到了什么，而是我们如何致力于寻找它，以及我们从这种全身心的投入中得到或学到了什么。

第二部分 你在哪里?

第六章　暗藏的密室

自2015年以来,埃及考古学界围绕着图坦卡蒙陵墓有很大的争议。在伟大的法老墓后面,还会隐藏着另一个坟墓吗?直到最近,还有人怀疑那里可能有隐藏的密室。有一种理论认为,隐藏的密室可能是奈费尔提蒂(Nefertiti)王后的坟墓。也有人认为那是法老继母的墓室,持这种观点的人还不在少数。

如果在著名的王后下葬约33个世纪之后仍有希望找到她的陵墓,那么我们怎么能怀疑自己是否具有找到与自己同时代的原我的能力呢?虽然我们的任务可能不必使用雷达进行扫描,但我们仍然需要深入探索那些可能隐藏原我的密室。

在这一阶段的探索中,我们将决策过程视为一系列可以相互联系的房间,并将其称为COSARC(Creativity即"创意"、Options即"选项"、Selection即"选择"、Action即"行动"、Resolve即"决定"、

Completion 即"终结")金字塔。这样做是为了与我们的考古隐喻保持一致。COSARC不是尼罗河沿岸的王城,只是一个可能会让这一系列关键词更加难忘的缩略词。

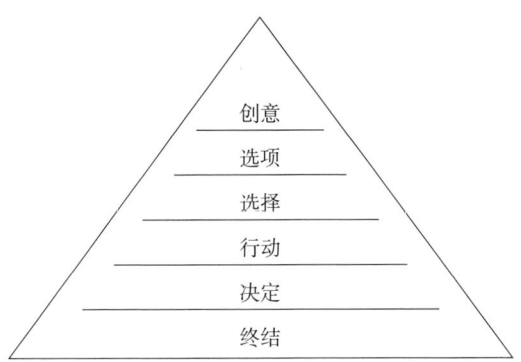

创意

> 她不知道想象力乃创造之始。心中有渴望,你就会想象它的样子;你就会希望自己的想象可以成真;最后,你会心想事成。[1]
>
> ——萧伯纳(George Bernard Shaw)

我在大多数论述决策的书中发现一个问题,即人们普遍认为创意应该从现有的选项开始。尽管这看起来似乎非常合乎逻辑,但逻辑也确实会大大地限制我们选择的范围。

最近,在一个朋友的生日聚会上,我遇到了一个和蔼可亲的年轻德国人,他的女朋友开玩笑说他缺乏想象力,他回答说:"我是德国人,我用逻辑!"

我相信许多德国思想家都会鼓掌赞同,如莱布尼茨(Leibnitz)。事实上,即使是法国哲学家勒内·笛卡尔(René Descartes)也会赞同,但这种说法会被150年后的另一位德国思想家康德(Immanuel Kant)反驳。

康德在其《纯粹理性批判》(*Critique of Pure Reason*)一书中,对许多理性主义者既有的智慧提出了疑问。他问道:"怎么可能有纯数学呢?"

康德认为他的新观点与哥白尼(Copernicus)关于天体运动的理论一样具有革命性。哥白尼通过赋予观察者以主角的地位,从而彻底颠覆了天文学。他否定了恒星表面上的运动存在于恒星本身的观点,而是将其视作观察者经验的一个方面。对此,康德明确地进行了比较:

"这里的情况与哥白尼最初的观点是相同的,哥白尼在假定全部星体围绕观测者旋转时,对天体运动的解释已无法顺利进行下去了,于是他试着让观测者自己旋转,反倒让星体保持静止,看看这样是否有可能取得更大的成功。"[2]

同样，对康德来说，知识并非只来自物体，还来自观察它的人。他断言我们不能了解事物本身（das Ding an sich），并加强了经验在获取知识中的作用。这种经验依赖于人类的感觉和直觉（Anschauung）。我们不是"接受"知识，而是参与知识的创立。

这种观点如何影响我们的决策方法？答案是利用类比。如果本着康德学派或哥白尼学派的精神，我们不把决策看成是抽象的对象，而把其看作是面对选择的个体表现出来的东西，那么我们将会得到一种更全面的人生观。

虽然决策来自个人的想法似乎不言自明，但这一点很有价值：它暗示起点不能只是在冷清的板岩上列出可用的选项或进行标准利弊分析的清单。相反，决策不得不涉及利用我们的直觉。我们可能永远无法做出完美的决策（决策这件事本身是不可知的），但我们的探索必须从我们自己的感觉和对需要什么的直觉开始。在这方面，所有的决策过程都是自我发现之旅，艰难的决策尤其如此。这也许就是它们为何如此具有挑战性的原因：每个决策都想打开一扇通往我们心灵的窗户，尽管我们有时并不愿意让它们这样做。

在康德之后的近两个世纪里，直觉的概念给予了另一位著名的思想家以启发。卡尔·荣格写道："直觉与时间有关。直觉强的人拥有'看到眼前事物之外'的能力，对事物有预感，并且对事物的可能性比对事物当前的存在更感兴趣。"[3] 荣格的直觉揭示了在外部世界里什么是可行的,即"事物可能性"的具体化。直觉是让创造力得以实现的东西。

我们如何在自己的决策中优化这一阶段的直觉和创造力?毕加索认为孩子是我们创造力的最佳向导。他曾经说过:"每个孩子都是艺术家。问题在于他们长大后如何保持艺术家的才能。"[4]

> **决策向导**
>
> 决策中的创造力在很大程度上取决于直觉。如果你再次尝试像孩子一样思考,那么这通常是十分有益的。作为成年人,我们喜欢自认为复杂的思维方式,但这些方式往往过于复杂,回避了我们最直接和最深切的反应。重拾孩子的直观视角可以让我们得到极大程度的释放。

这就是达里娅·扎贝利纳(Darya Zabelina)和迈克尔·鲁滨逊(Michael Robinson)正在努力解决的问题。扎贝利纳和鲁滨逊是两位来自北达科他州立大学的神经心理学家,他们研究过成人的创造力,发现成年人越是尝试像孩子一样思考,他的创造力就越强。[5]作为研究的一部分，他们给两组研究生安排了相同的创造力测试。然而，其中一组的简介中增添了一项额外的内容："你现在7岁。"在这些测试中，假装7岁的人一致表现出了较高的创造力。

我已经可以想象到读者中的愤世嫉俗者和理性主义者对此发现暗自发笑了。是的，我不建议你在做重要决定之前打扮成超人或灰姑娘！然而，在儿童想象力的背后有一点非常重要，它关乎决策的成败。

精神分析家玛丽-路易丝·冯·弗朗兹写道："孩子是一种统一的象征，把人格中分开和分离的部分结合在一起。这同样与天真的品质有关。但大多数人不敢这样做，因为这会让他们过多地暴露自己。"[6]

我认为，我们对于依赖自己内心的孩子般的直觉普遍感觉不舒服，这种感觉可以部分解释为对直觉和冲动的混淆。

直觉是自己生成的，当我们感到放松、头脑清醒时，直觉就会被激活。[7]冲动总是基于一个外部的触发因素，可能会促使我们做一些后悔的事情（例如，网上购物的冲动和类似强迫症的行为）。对一种直觉或感觉感到后悔要困难得多，因为从定义上来说，我们内心深处的感觉总是对的。

此外，从新古典主义时期一直到19世纪的浪漫主义运动时期，灵感的形象始终存在，有此灵感，艺术家有如神助。在古代拉丁文学中，我们也发现了这种见解。在《为诗人阿基亚斯辩护的演讲》（*Oration to the Poet Archias*）中，西塞罗（Cicero）早在公元前1世纪就已经提到了与诗人灵感有关的想法。这也让人想起存在于卡巴拉思想和其他地方的古老而神秘的生命之树。

树代表了人类上升的精神路径,以及神圣之光(或灵感的神圣气息)降临人类——上帝的造物——的下降路径。光不会从上帝那里垂直照射到人身上,要通过10个灵性原则和22条路径,进行曲折的升降运动。

这种曲折的升降运动可以象征性地指导我们应该如何对待灵感——不要把它当成一种非常遥远和抽象的力量,而使我们永远无法接近它;也不要把它当成一个非常强大的神助,以至于我们无法利用或不配接受它。我们应该把它当成一个能量场,如果引导得当,它将会极大地丰富我们。

决策向导

在所谓卡巴拉主义的神秘传统中,生命之树提供了一个曲折的灵感模式。这种模式是前后连贯的。它唤起了人们的一种观念,即直觉有利于平衡而理智的灵魂,其生活和它的各个维度都处于一种平衡状态,包括精神、身体、智力和社交。

选项

无论是在外交还是商业上（甚至在家里），谈判的关键法则之一是创造的选项越多（在合理范围内），双方就越有可能达成一个彼此都满意的结果。

有时，无论是在具体的情况下，还是在更广泛的生活中，人们都生活在一种错觉中，认为自己没有任何可能性。你可能会听到他们说"我已经没得选了"。

实际上，我们从来没有真的达到过别无选择的程度。任何情况都是多种可能性的交汇点，即使其中一些可能性隐而不见，那也不能说不存在。你似乎面临一个严峻的选择：A 或是 B。但若创造性地细加查看，你经常会看到还有选项 A1、A2、A3 等，甚至可能有 C、D、E 和 F 选项。康德派曾强调：这取决于你如何看待事物。

当我们感到困顿时，可以问其他人，特别是那些过去遇到过类似情况的人，看看在同样的情况下，他们会做什么。他们的见解会真正给人以启发，不是因为它们有多么复杂，而更多是因为其惊人的简单性。跟其他领域一样，在商业领域，良好的决策往往基于研究先例并利用想象力从中获取相关的经验。

荣格认为大多数的神经症反映了一种心理的片面性。若我们能够发现，即使是偶然发现自己的问题，如忧虑或神经质，也应该去思考其是不是因我们对事物的片面理解造成的。当然，忧虑可能意味着要么领会了某事，要么害怕某事。对于很多人来说，他们可能二者兼具！

研究别人的经历会让我们获得多方面的能力，让我们的决策和生活有更多的选项。然而，我们自己也应该努力，让自己发展出这种多面性。

一个可以实现这一目标的方法是重新表述我们的决定。20世纪70年代时任美国总统的吉米·卡特（Jimmy Carter）在解决埃及和以色列两国冲突方面发挥的作用就是一个例子。卡特在开始时对这两个交战国之间的和平失去了希望，因为双方都在西奈沙漠的控制权方面提出了严格的要求。在1967年的"六日战争"中，以色列攻占了埃及占领的西奈沙漠。

卡特问双方为什么要坚持这个条件。对时任埃及总统的安瓦尔·萨达特（Anwar Sadat）来说，这事关国家荣誉：西奈自法老时代起就属于埃及。而对时任以色列总理的梅纳赫姆·贝京（Menachem Begin）来说，这是一个事关国家安全的关键问题：自1948年埃及宣布独立以来，以色列遭到了埃及的五次袭击，他感到自己的国家迫切需要这个"缓冲区"来保护自己。

戴维营会谈始于1978年9月6日。在第二天，美国总统夫人卡特做了以下记录：

"当会议在下午一点半结束时,吉米口述了会议笔记……我旁听。他说这次会议很激烈。我听到从我工作的房间里传来的声音的音量一再提高。他们彼此不留情面,并进行人身攻击,他不得不在某些观点上进行争论。他说他在做笔记,于是低头看他的便笺簿,这样他们就不得不彼此沟通而不把他牵扯在内。有时,当他们的言语变得过于激烈时,他不得不进行制止。"[8]

随着谈判不断碰壁,9月12日吉米·卡特"决定在当天下午就埃及-以色列条约的条款展开讨论,并将西奈半岛的地图摊在餐桌上,然后开始工作,拟议协议则写在黄色便笺簿上"。[9]

卡特要求萨达特考虑,在西奈沙漠成为非军事区的情况下,他是否准备重新恢复对西奈沙漠的主权。他要求贝京考虑的却是一个相反的问题:在主权交还给埃及的条件下,他是否会接受一个非军事化的西奈沙漠。

接下来的事众所周知。1979年3月26日,《埃以和约》的签字仪式在白宫南草坪隆重举行,这是中东地区迄今取得的具有决定性意义的地缘政治行动之一。

这个故事说明了"重新表述"的力量,在区分成交或不成交、决定或不决定时尤其如此。

重新表述是一种非常有力的策略,即使不改变选项,只是战略性地重组语言,也会对我们的决策产生重大影响。在特沃斯基和卡尼曼的决策表述研究中,受试者被问及如果存活率为90%,他们是否会选择手术,而其他人则被告知死亡率为10%。尽管情况不变,但第一种表述提高了人们的接受度。[10]

对创造力的需要、多种选项的提出、措辞的重要性(优先考虑"利益"而不是"立场")——一系列谈判技巧开始形成,所有这些谈判都与决策有很高的相似度。因为从根本上讲,决策是我们与自己进行的亲密谈判。

此外,跟谈判一样,决策往往关乎捕捉时机、利用沉默。这也关乎尊重对方(我们自己的另一部分),并且在这种内心的对话中,不要使用贬损性的语言("你没有资格做决定""你对这个问题一无所知"或"你不擅长做决定")。

为了呼应谈判领域的另一个概念,决策也要避免关注单一的问题。我在伦敦购买第一套公寓时,就有过这种经历。对大多数人来说,限制因素是预算。有一天,在我看了一处房产并再次感到失望之后,房地产经纪人告诉我,他刚刚在同一街区签约了一处新的房产。房主是一位可爱的老太太,如果她在那里的话,可能不会反对在贴出待售广告前让我先看一看。

自然,我当时就同意去看,并在看到住宅后立即喜欢上了它。针对要价,我报出了自己的价格并被接受,几周后我们互换了合同。最后,在完成合同(双方最后在合同上签名)的前一天晚上,我收到一封来自这位可爱老太太的电子邮件,她为突然改变主意而道歉,因为她决定把该房产从市场上撤下来。不用说,我的感觉肯定介于重创和愤怒之间,当时我想给她写一封电子邮件,说一说自己心里非常明确的一个想法,但最后我决定"按暂停键"。我意识到对于一个教谈判的人来说,我可能错过了一次机会!

因此,我反思了单变量谈判的概念。我是否错过了其他变量?在我修改过的电子邮件中,我表达了自己的失望,但也表示了理解:她不可能轻易做出这个决定。我向她提出的唯一要求是告诉我她突然改变主意背后的动机是什么。是价格的问题吗?(此时房地产价值正在上升)几个小时后,她回复说感谢我这么爽快地接受了这个消息(要是她知道我是怎么想的就好了!)。她解释说,她仍然对我们已经达成的交易条款感到满意。不过,她主要担忧的是,从第一次看房到签合同的时间太短,以至于她找不到一处新的房子,也不愿意租房住。她向我表明了还存在着另外一个基本变量:时机。

在答复中,我没有提价,但提出要完成此次交易。不过,无论如何我都会让她免费在公寓里多住3个月,给她更多的时间让她找到自己的理想住宅。她接受了我的提议,同一天,我们完成了交易,仅仅过了几周,她便找到了一个新的住处。

这件趣事与我们所谈话题的相关之处在于:面对艰难的决定时,

我们不仅要提出更多的选项,还要确定主要变量是什么,并问自己的根本动机是什么。这还是关乎利益,而不是立场。

我们须记住,我们始终在与对方进行谈判(最好不是在对抗)。我们对他们了解得越多,就越有可能达成协议。

因此,我们需要问自己这些问题:我的哪些部分参与了这种内心的谈判,我的每个部分想要什么?一旦确定了这些要点,我们就必须设法找出什么是我们"必须有的"和"有也不错的"。[心理治疗师彼特鲁斯卡·克拉克森(Petruska Clarkson)在其关于夫妻治疗的著作中建议,在选择伴侣时应该列出我们"必须有的""有也不错的"以及"乐于让你有的"。这是一个特别重要的决定!]

一旦得出结论,我们就要为谈判做好准备。这是对我们决策的有力比喻。多个变量、倾听他人意见、创造力以及重新表述,这些都是谈判者要考虑的重要因素,因此也是与我们的决策所代表的当我们自己进行谈判时需要考虑的关键因素。

"倘若要求我用6个小时砍倒一棵树,那么我会用前4个小时来磨斧头。"尽管可能不对,但长期以来,这句话一直被认为是亚伯拉罕·林肯说的。否定它的证据有:(1)实际上,砍倒一棵树不需要6个小时;(2)这句话最早为人所知的日期可追溯到1956年,要比所谓的"总统伐树"晚了近一个世纪。但是,这种不足凭信的属性可能更多地反映了它的自然权威和吸引力。

同样，如果决策相当于挥舞斧头劈木头，那么我们也需要花时间把斧头磨快。

选择

"在做一个无关紧要的决策时，我始终认为考虑到所有的利弊是有好处的。然而，在重要的事项上，比如选择伴侣或职业，决策应该遵循潜意识，遵循我们内心的某个地方。我认为，在做个人生活的重要决策时，我们应该听从自己的本性和内心深处的需求。"[11]

这些是精神分析之父西格蒙德·弗洛伊德（Sigmund Freud）的话。丹尼尔·卡尼曼的现代研究中也发现了类似于弗洛伊德的双重决策方法，此发现也成为卡尼曼的著作《思考，快与慢》（*Thinking, Fast and Slow*）的主要内容。在书中，卡尼曼描述了两种在大脑中形成思想的不同的方式："系统1"是快速、自动和潜意识的，"系统2"是缓慢、合乎逻辑和有意识的。

几年前，荷兰内梅亨大学的一个团队对此观点提出了挑战。[12]他们提出了一个引起争论的意见，即存在第三种思维形成模式（"系统3"），以解释那些重要且可能需要更长时间考虑的、却要使用无意识思维而不是仅仅利用逻辑来达成的决策。例如，这些决策包括围绕创造性或科学性问题的解决、重大的生活变化的决策，即弗洛伊德所说的"重要事项"。对于这些决策,研究人员认为"系统 2"缓慢而考虑周到的模式可能是有害的。在谈及艺术创造力时,迪克特赫斯(Dijksterhuis)写道:"如果一个决策主要基于非语言信息,而你设法以语言表达信息时,决策就会受到深思熟虑的影响。"

在史蒂夫·彼得斯(Steve Peters)的《黑猩猩悖论:控制非理性冲动》(*Chimp Paradox*)中,我们也发现了一个三层次决策模型。他非常形象地描述了这三个系统,如下所示:

· 黑猩猩:它的动机是原始的,受繁衍和生存的本能所驱使。其最典型的模式是不计后果的冲动行为,这种行为是受情绪所驱使的。

· 人类:人类受社交事务所迫,与黑猩猩相反,关心其行动的后果。其思维方式是理性的。

· 计算机:这是我们(无论是黑猩猩还是人类)都已接受过心智训练去处理明显重复的情境的一部分。此外,计算机在预测结果方面也起着一定的作用。

尽管上述模型有相似之处,但它们之间的差异同样很多。由于这些只是决策模型,因此充其量只是一个对我们的实际决策方式具有启发性的相似物。然而,这三种描述讲的是不完全相同的情况,也并不意味着其中任何一种描述应当被彻底地驳回。

我们都知道模型是如何既有启发性又有误导性的。一个完美的例子就是荣格将"心理功能"划分为基本的思维、情感、感觉、直觉这四类。虽然这在当时有其作用,但现在人们普遍认为它是对人类性格范围的狭义解释。精神分析治疗师安东尼·斯托尔(Anthony Storr)说过:"公平地说,我认为这种分类是荣格令人不满意的贡献之一。"[13]

因此,如果心理学只能带我们走到这么远,那么我们可能需要使用考古学家工具包中不同的工具进行探索。事实上,我们需要回到我们以前的最爱:词源学。

从词源学的角度看,"选择"(selection)是一个含义丰富的词。现在,在我就语言学方面对它进行挖掘时,请耐心等待。

selection源自拉丁语selectus,意思是"被选择",但也有"被剔除"之意。它是由前缀se-和lectus组成的,我们在"secret"(秘密)这样的词中也看到了se-的影子,这表示我们把某物放至一边;而lectus,源自拉丁语的legere,意思是"聚集",我们在lecture(讲座)这个单词中可以看到它的影子,即言语的聚集。

现在我们进入问题的核心。"selection"一词包含了双向运动的概念:我们首先收集相似的东西(legere),然后从一大堆(前缀se-)中去除一个。

决策时,从一大堆中去除并放在一边的选项最终会被舍弃。它被从可能性的多彩世界中找出来,并被扔进了偶然性的黑白世界。

这是处于"决定"这个词的核心的"阻止",我们已经在前言中提过此事。

那么,我们从哪里可以找到力量去执行这一行动呢?答案在于辨识能力。这是我们在此关键时刻所需要的素质。也正是这种素质确保了我们在战场上(无论是真实的还是虚拟的)可以全身心地投入而不会受到伤害。辨识能力可能是我们最好的盔甲。

法语中有一个完美的短语是用来表示辨识能力的:faire la part des choses。据我所知,这个短语不可能被精确地翻译。在英语中,最接近的表达可能是:to separate the wheat from the chaff(分清良莠)。①但在法语的表述中,有一些值得探索的地方:从字面上讲,它的意思是分配每一件应得的东西。这意味着基于辨识能力做的决定本质上是公平的;也意味着,正如我们从几十年的认知科学和心理分析理论中得知的,这样的决定已经消除了偏见的影响,并且是高度自觉的,而不是由我们的"假原我"做出的。

这种公平的概念没有道德层面的含义:这是关于思想、抽象存在之间的公平,而非人与人之间的公平。不过,我们仍然把公平视为一种美德。

---

① to separate the wheat from the chaff 的字面意思是"将小麦与麦麸分开",引申为"分清良莠"。——译者注

古希腊人的美德与卓越的概念密切相关。例如,一个人如果以最高标准完成工作,就在其职业中表现出了美德。一个人的美德甚至一个物体的美德在于他或它有能力以最适合的方式扮演好想要扮演的角色。

亚里士多德对美德的定义是"在缺乏和过多两个极端之间寻求中庸的倾向"。[14]例如,面对一个艰难的决策时,一个胆小怕事的人会害怕得不得了,而不计后果的人则会不够谨慎,甚至可能寻求我们在前面描述过的那种对恐惧的快感。

该定义所隐含的观点是每个美德都不止一个对立面,而有两个。勇气的对立面是懦弱和鲁莽。对亚里士多德来说,我们是通过寻找中间地带来表现美德的,而不是以极端为目标。因此,美德关乎适度。

因此,辨识能力本身就是在两个极端之间找到中间道路,而不是用一个难以捉摸的选择使我们的目标最大化。这并不意味着选择妥协,或更糟糕地选择平庸。相反,这意味着每一项具有挑战性的决策都要求我们在力争达成的两个激进的结果之间找到正中的位置。

例如,设想猎头联系你,希望你到竞争对手那里担任更高的职位。你对现在的公司很忠诚,但同时也被晋升的前景所吸引。这种进退两难的境地会让你的决策颇具挑战性。在这种情况下,美德意味着找到这样一个职位:既允许你对现任职的公司表示忠诚,又能让你获得自认为应得的晋升。你可以给自己目前的公司一个提供对应条件的机会。这不失为一种同时满足这两种愿望的方式。

> **决策向导**
>
> 决策关乎辨识能力,包括辨识你的个人需求和优先事项。过多地关注看似可行的可能选项的细节会使一项决策不会完全受自我认知的影响,从而使其出现缺陷。把自己想象成在危险之中正在穿越复杂通道的船舶。你最关心的不是危险,而是船本身,最终的结果必定是:(1)完好无损、安全;(2)驶向一个适意的未来。

最困难的决定往往会涉及两个或两个以上相互矛盾的愿望。例如,假设我想停下平时的工作,休10个月的假来写一本书,那么我将面对两种相反的思维倾向:

- 一条来自内心的信息告诉我:听从你内心的召唤,需要休息多少时间就休息多少时间,以便写完这本书。
- 另一条来自内心的信息告诉我:想想你的工作,想想你对公司和同事的承诺。当然,你可以在节假日和周末找到足够的时间写作。

经过简单的计算可以很容易得出平均值,但两者之间的平衡并不总是轻易就能达到的。这就是我将灵魂介于这两种倾向之间时会发生的情况。结果有可能会是这样:要求休假6个月,既让我遵从了内心写完一本书的召唤,又使我不背弃对公司和同事的承诺。

亚里士多德用"hexis"这个词来表示美德。对亚里士多德来说,hexis并非我们与生俱来的东西。它是一种活跃的状态,是我们为自己制定的东西。我们处于使行为合乎美德的中心,因为我们有责任保持灵魂的稳定平衡。归根结底,正是我们对这种灵魂平衡的实践和熟悉造就了我们的意识和品格。

我们的意识是辨识能力的核心,这与是"什么"无关,从本质上看,与是"谁"有关。与其说它是决策的"变量",不如说是决策者的立场:他们是否经历过在两极端可能性之间选择的艰难险阻,并且因为这种经常性的练习提高了自己的辨识能力?

对此进行进一步考虑,我们得出的结论是:辨识选项应排在第二位,而辨识我们想要什么,并找到它们之间的理想平衡应排在第一位。

没有这种认识,任何决策都不可能被视作是完全道德的(因此是"极好的"),即便凭运气随机操作并产生了积极的结果也不行。

在很多方面,这可能是最没有启发性和最有误导性的结果。

行动

"Action!"从松林制片厂到好莱坞再到宝莱坞,电影导演们都会喊这个词,我们也都知道这个词会让人联想到什么,那就是"开拍"。有时,导演会允许演员即兴表演,但这种自由发挥总是在精心选定的界限之内。大多数导演会将"拍摄"顺序的细节逐一规划好(这是不是在挑选发生的时刻?)

听到"开拍"这个词,我们会从这个时区转移到下一个时区,即从凯洛斯到柯罗诺斯。"拍摄"阶段要拍摄的一组镜头是实时发生的。而且由于没有什么妨碍,怀疑并不受欢迎,因为它只会导致拖延。

在《一报还一报》(Measure for Measure)[①]中,莎士比亚写道:"怀疑会坏我们的事,害怕尝试往往会让我们错失良机。"伏尔泰(Voltaire)提供了一个对比鲜明的观点:"怀疑不是一个令人愉快的态度,但确定性是荒谬的。"只有在明显肯定的确定性可能变成变相的偏见时,我才会同意这一点。

[①] 关于 Measure for Measure,辜正坤译为"一报还一报",朱生豪译为"量罪记",梁实秋译为"恶有恶报"。——译者注

在拍摄电影时，Action的意思是"开拍"，但在其他情况下，意为"行动"。我的看法是，当我们采取"行动"时，不应给怀疑留有表现的余地。怀疑可能在创意、选项和选择这前三间密室中有容身之地，但行动可定义为随着怀疑的消失而变化的动力。它们可能仍然存在，但有很多机会使其在前三间密室中得到款待。在这个阶段，让怀疑登堂入室会破坏行动，把我们连同我们的疑虑一起送回到我们开始的地方。然后，怀疑会被赋予一种有毒的光环，干扰我们内心的谈判。

那么，怎样才能阻止怀疑，并且迸发出这种积极的活力呢？我们怎样才能实现信心之跳呢？

西里尔（Cyrille）是我儿时的朋友之一。我们的出生时间相隔3个月，我们一生都是朋友。他奇迹般地从一场危及生命的疾病中"走"了出来，并因这次经历而改变了人生。虽然他现在似乎远离了周围的世界，但也以一种鼓舞人心的方式获得了深刻的感悟和宁静。我记得在我们最近一次"12条腿"（两个人和两只狗）的散步时他说过的话："这个世界不是由怀疑之人创造的。"我发现这句话很有道理。同样，我们的个人世界不会因持怀疑论的那些人而诞生。

当然，要实现必要的"信心之跳"并不容易。我们以前都曾经历过这种情况，站在跳水板上，凝视着下面的泳池……感觉勇气正随着时间的流逝从我们身上漏掉，一滴接一滴地流失。

第二部分 你在哪里?

但是,我们在小时候是如何学会潜水的呢?答:通过潜水。我们通过骑行来学会骑行(偶尔从自行车或马上摔下来),通过表演来学会表演,通过对公众演讲来学习公开演讲。因此,我们必须通过决策来学会做决策。

尽管如此,恐惧始终存在。伟大的成就离不开紧张。在《论演说家》中,西塞罗写道:在演讲前不感到紧张的公开演讲者只会把演讲搞砸!

本书的第一部分讲述的就是这些恐惧。在我们的探索中,紧接着在我们脑海中说"行动"这个词之前和之后,正是它们反复困扰我们的时刻!

在决策的7种恐惧中,任何一种都有可能在此时再次表现出来:害怕拒绝更好的选择,害怕选错,害怕失败,高处不胜寒,认同恐惧,害怕缺乏认知,对自私的恐惧。

它们都有力量将我们直至这一刻已经完成的出色的工作逐层分解。

在第一部分我们得知,除非管理得当,否则这些恐惧将会引导我们建立无益的防御机制。我们还将这些恐惧的源头追溯至"渴望回归"之时。我们做出的每一项决定都会让我们离神话中的伊甸园、记忆中的舒适之地更近一步。

显然,人类在伊甸园里第一个有记录的决策是原罪。这对我们来说毫无用处,可不是独立决策生活的最佳开端!难道决策者最好的出发点是原罪吗?毕竟,那是人作为决策者的初始行动。这使得叔本华(Schopenhauer)将我们的原罪视为我们的初始设计:"真正构成基督教核心的伟大真理是原罪(对意志的肯定)和救赎(对意志的否定)的教义;而其他东西大多只是包装和覆盖,或只是配饰。"[15]

事实是,通过打破与上帝的默契契约,原罪标志着我们在伊甸园外的生活的开始,即使它伴随着对回归的渴望(更不用说还有谋生的需要了)。

《圣经》中还有其他一些段落是讲述有人被赶出家门的事。以亚伯拉罕的故事为例。与前一个故事的相似之处是:如果亚当是第一个人,亚伯拉罕就是第一个希伯来人——一个国家和一种信仰的创始人。

在接受上帝委派的建立希伯来民族的任务之前,亚伯拉罕名叫亚伯兰(Abram)。上帝对亚伯兰说:"你要离开祖国、你的出生地、你的父家,往我所要指示你的地方去……"(创世记12:1)。这就是描述上帝命令亚伯兰离开他父亲的家去迦南的那段文字。在希伯来语中,"指示"是Lekh-Lekha,通常的翻译是(从你的国家和你父亲的家)"走出去"。但实际上,这个表达有双重含义,也可以翻译为"走向自己"。

"去"(Lekh)一词在《圣经》中的内涵是"朝着一个人的终极目

标走去,走向你的灵魂本质,即你被创造出来的目的"。[16]

因此,离开个人舒适区的行为也是我们走向自己、本真和最终目的的旅程,不管一个人的舒适区是亚当的伊甸园,还是亚伯拉罕的家和出生地。

如果对回归的渴望是令人倒退的,那么相反的、渐进的道路会带我们离开伊甸园,使我们走向成长和成就的道路。为了能够成长,我们需要从伊甸园里消失,或者说让伊甸园从我们心中消失。

伊甸园之外的生活包括对我们的行动承担责任,而不是被内疚或羞愧所禁锢。

这种看待生活的方式是天命和命数之间最大的区别。天命发生在我们身上,但仍然是"我们的身外之物",因此,我们觉得自己无法控制它。但是,这种失控并不是我们能够忍受天命影响的唯一原因:很可能只是因为我们不在场。正如卡尔·荣格所写:"若内心的境况未被意识到,它就像天命一样发生在外面。"

命数是"天命+在场"或"天命+意识"。有些人可能会争辩说,不同之处在于天命全凭运气,或缺乏运气。然而,我认为即使是运气也遵循同样的模式。我们争取运气的方式等同于我们改变命数的方式。我们可能没有办法掌握所有的牌,但如果手气足够好,这可能就是我们所需要的。

我曾为一个生活特别不幸的人感到难过,并向一位朋友的母亲——海伦妮·勒内曼（Helene Leneman）表述过那种感觉。海伦妮曾经是巴黎著名的画廊老板，是一位文化修养很高的女士，是马克·沙加尔（Marc Chagall）和其他巴黎画派优秀艺术家的朋友。她在东欧度过了她的青春时期。第二次世界大战后，她帮助许多孤儿找到了家，使他们开始了新的生活。她对运气可谓略知一二。

她对我说："希伯来语中的'幸运'一词是mazal，组成这个词的是三个辅音Mem（M）、Zain（Z）和Lamed（L），而它们分别是意为'地点、时间和学习'的三个单词的首字母。"①

根据古代圣贤的说法，运气是指好事都赶到一块了，即合适的地点、合适的时间和正确的知识的集合，仿佛我们的星星连成一条直线一样（mazal的词源与星星有关）。显然，我们对这三个维度都负有一定的责任，或者至少对其有一定的影响。

我们的决策也是如此：我们可能无法控制其结果，但可以影响时间、地点以及我们在面对它们时的准备和知识；另一种选择是犹豫不决，是对我们无力感的认识和承认。

詹姆斯·霍利斯谈到了另一种形式的无力感，它会影响虐待型父母的孩子，以及他们最终往往是如何与虐待型的伴侣结婚的。他解

---

① 希伯来语没有元音字母，只有22个辅音字母。Mem、Zain和Lamed是相应希腊字母的读音，比如希伯来语的"时间"是Zman，Zain即是它的首字母。在有的希伯来语字母表中，Zain也表示为Zayin。——译者注

释说:"程序化带来的无力感大于虐待造成的伤害。"[17]

犹豫不决表现在很多方面也是如此。通过父母树立的榜样,或者我们自己的经历,我们程序化的犹豫不决带来的无力感可能比拖延带来的伤害更大。霍利斯写道,当虐待发生时,我们其实是在与无力感朋比为奸。在与之类似的决策领域,这正是我们想要避免的:与犹豫不决沆瀣一气。

尽管我们在宗教问题上可能持有不可知论,但有一种形式的不可知论是我们自己不能允许的。决策的"开拍"阶段如果涉及前面讨论的"信心之跳",那么需要从相信自己开始:相信我们能够做到这一点。不可知论者和某些信徒有一些共同之处:他们既不能证明也无法反驳上帝的存在。他们之间唯一的区别是信仰。如果我们不断扰乱自己的决策,带着怀疑之心阻碍自己的行动,失去进行必要的跳跃所需的信心,就会对自己的决策能力失去信心,最终对自己失去信心:我们成了自我不可知论者。

决定

在COSARC金字塔中,"决定"的前一间密室是"行动":在可能性世界和偶然性世界分离之时,我们会根据自己的选择采取行动。如果行动就在那一刻发生,没有持续的时间,没有在将行动从想法变为现实所需的时间内坚持自己的意图,决定就什么都不是。

有些人会把"行动"称为决定。但是,一个没有经历过必要阶段的决定有什么意义呢?一项可能会被付诸实施的选择,但在整个行动过程中不受监督,没有人看到它的结果,这样的选择有什么价值呢?

"决定"也与通常所谓的"买方后悔"行为相反。专业零售机构的用户数据中心(SDC)的统计数据告诉我们:在商店被购买的商品中,有8%至9%会被退回,25%至30%的电子零售订单会被撤销。犹豫不决似乎是一种普遍现象。

然而,我认为,买方后悔以及更宽泛的所谓的"缺乏决心"不只突出了我们在选择时刻("行动")的弱点,也揭示了整个决策金字塔的潜在弱点。我们得到了一个关键的线索,即原我可能隐藏或被困在前四个密室之一,我们需要自问如何才能找到它,并重新与它接触。我们是否使用了足够多的创造力?我们是否创建了足够多的选项?我们是否选择了真正适合我们的选项?我们是否积极而充满希望地采取了行动?

解析动词resolve(决定)的起源具有启发性。直到16世纪,这个词才意味着"决策"或"决定"。在15世纪,resolve意味着分成不同的部分,直到今天,光学领域还在应用此词义。追溯到14世纪,该词意味着融化、溶解或化成液体。

无论是不是比喻,它都指向炼金术的一个概念:将元素分离,再融合，以创建一个新实体。

这与决策有什么关系？在马丁·布伯的《人类之路》中可以找到答案，其第三章就叫"决定"（Resolution），是我们目前所论主题的一个变化形式。

布伯提醒有些事情会阻碍我们达成目的，即我们在处理一项任务时会用"拼布工艺"的做法，这种方式"前走走，后倒倒，特点是犹豫不决、优柔寡断。这就成问题了……与'拼布工艺'相对的是'浑然一体'"。[18]现在，如何让作品"浑然一体"呢？布伯答道：只能是心神合一。

哲学家认为，若想使人心神合一，并"振作起来"，唯有借助个人的力量。

布伯将这种整合描述为一个持续的过程。任何与整合的灵魂一起完成的工作都会反作用于灵魂，然后导致更大的整合。在走过各种各样的弯路之后，我们会走向更稳固的整合。换句更简单的话说，良好的决策是可以自我延续的。

在书中，布伯另外讲述了一位备受尊敬的老师让其玩西洋跳棋的学生感到惊讶的事。"你们知道跳棋的规则吗？"他问道。出于羞怯，学生们没有回答，于是老师自己说出了答案："我告诉你们跳棋的规则。第一，玩棋的人一次不能走两次棋子；第二，玩棋的人只能向前移动，不能后退；第三，一方将棋子走到对方的底边时，他就可以随意移动棋子到想去的位置。"

布伯用的词是entschlossenheit，译成英文是resolution，即"决定"或"决心"。关于这一点，有一个非常明确的说法：它与geschlossen（封闭的）和Schloss（城堡）之类的词产生共鸣，让人想起不容置疑的中世纪城堡的形象。这也是马丁·海德格尔用的术语，指比决定更具体的东西，即被确定的状态，或被决定的状态。[19]

决定不仅仅是决策的一个阶段，也是一种精神状态，甚至是一种存在状态、一种灵魂状态。在这方面，我们需要认识到退却的诱惑是永远存在的。我们以前在"渴望回归"中看到了它，那是对失乐园的难以言状的寻求。由于无法夺回我们失去的"领土"，我们最终可能会在其他地方重建伊甸园，这个"地方"也许是一片土地、一间房子、一份工作或一个伴侣，甚至是一种习惯。

在走向决策的道路上，我们会遇到疑问，事实上，甚至可能会充满疑问。我们可能会发现自己置身于沙漠之中，这是一片令人沮丧的荒凉之地，而我们曾希望此处是天堂再现之地。就在沉思这种想法时，我想起了曾经从作家兼精神治疗师马丁·劳埃德-埃利奥特那里听到的一些话："沮丧的反面是表露。"表露是逃离沙漠的第一步。它可能意味着与朋友、专家交流意见，或只是（在通常情况下）跟自己进行诚实的内心对话。这将揭示出原我的藏身之处，帮助我们全心全意地重新开始自己的旅程。

在2500年前,孔子曾经说过:"既来之,则安之。"布伯所做的是将它分解成单独的指令:一步一步地走,不后退;当你最终抵达时,会发现自己的可去之处没有了限制。

终结

通过在COSARC金字塔的六个密室中寻找原我,我们得出了一个自然的结论。

原我偶尔会躲在这个"终结密室"里吗?它可能适用于这样一种情况,即我们成功地创建或确定了选项,然后选择了我们喜爱的选项,甚至按照它行事,并监测其实施情况,直到最后,我们发现自己因为无法放手而继续前进。这可能是因为我们的工作已经完成,而我们离不开它;或者因为它是"差不多"完成了,而我们要寻求完美;或者因为我们意识到它是永远不可能完成的。

在最近的一次采访中,在米兰从事达·芬奇的《最后的晚餐》的壁画修复工作20年的艺术家皮宁·布兰比拉·巴尔奇隆(Pinin Brambilla Barcilon)解释说,她在完成自己的工作后出现了严重的戒断症状。[20]尽管她觉得受到了丈夫和孩子施加的压力,但他们却觉得在这20年里是她忽视了他们。

> **决策向导**
>
> 意识不到自己正在做的一些事情已经结束了,是很多人在日常生活中经常面临的问题。即使"某事"存在疑问和压力,人们也可以继续保持较高的精神和情感投入。终于,你有了一张可以在上面工作的空白的画布,该松口气了吧,但是你仍会在事后对自己已经完成的作品进行加工。你的精神和情感世界仍然毫无必要地杂乱无章。为了结往事,以便做出有效的决策,你需要认识到问题结束了,无论结果是好还是坏,结束了就是结束了。

在商界,人们很少有足够的时间追求完美,例如,在推出新产品时就是如此。当然,你需要确保新产品满足所有必要的技术要求(例如,遵守安全法规);但是,若是寻求持续的改进,你可能会冒着失去"先发"优势的风险,反而让竞争对手因你的辛勤工作而获益。

有关商界的另一个例子来自我的一个客户,他在一家大型保险公司的投资管理部门任职。这家公司花费数年的时间用于制订"完美"的战略。我认为他们在新的五年战略上进行不断的研究没有错。不过,他们花了太长的时间完善并宣布他们的计划,以至于一些关键员工开始担心或失去信心，并在新战略生效之前制订了自己的离职计划。

那么，如何确定自己的工作已经完成了呢？

在伦敦泰特现代美术馆的格哈德·里希特回顾展上，我记得看过关于这位德国艺术家的采访视频，提问者是该美术馆馆长尼古拉斯·塞罗塔（Nicholas Serota）爵士，而问题则是他怎么知道一幅大型抽象画何时完成。里希特答道："当没有什么可让我不安，我也不知道还要做什么，再画就会破坏它的时候……突然间它就完成了。"[21]

对于艺术大师里希特来说，艺术作品完成的那个时刻是不可预知的。它不是由对已完成作品的想象决定的。相反，里希特会依靠情绪、洞察力来判断何时再改进是具有破坏性的。

正如你记得的那样，在古希腊美德是卓越的同义词，美德没有完美的顶峰，有的只是两个极端之间的完美平衡。对里希特来说，这种平衡意味着让其站在分界线上，像杂技演员一样，在"足够"和"太多"之间走一条细线。当我们即将完成一件作品（或做决定）时，这条分界线会变得更细：只有当我们凭直觉意识到，在最后一刻，画布上再画一笔会使结果受损时，我们的作品才可被视为已经完成。

细节是魔鬼

在开始寻求原我之后，我们现在已经探索了所有它能居住和隐藏的密室。这相当于一个固定不变的可能版本,原我找到金字塔中的六个密室之一,并把其作为避难所。然而,还有另一个可能会造成原我无法活动的来源。在这种情况下,原我并不隐藏在密室中,相反,它被发现在密室之间的某个地方。这不一定是它主动隐藏的,可能是因为它被困在了前厅或密室之间的交界处,或者门枢处。法语中的"门枢"一词是charnière,其词源是拉丁语的cardo,意思是"要点"或"基点"。

我们不应把门枢视为无关紧要:对于原我来说,这可能是最重要的位置,是我们最有可能找到它的地方。

为了找到原我,我们需要质疑它的不在场证明。为什么它会受困?我想有这样三个原因:

1. 接管

这是当我们以"我甚至不确定自己想要什么"为理由不做决定时所发生的事情。

在这种情况下,我们会觉得自己已经抛弃了对自己最基本的责任,甚至在按照自己的意愿行事之前就已经抛弃了。事实上,我们不能确定自己的意愿,进而感觉自己迷失了方向,甚至可能失去了所有权。这是一种所有确定性都消失了的令人望而生畏的状态。

"我完全置身于一个奇妙的海洋。我怀疑。我害怕。我满脑子都是稀奇古怪的事情，不敢坦诚地面对自己的灵魂。请上帝保佑我，就算只是为了那些我爱的人！"[22]

乔纳森·哈克（Jonathan Harker）是布拉姆·斯托克（Bram Stoker）的小说《德古拉》（*Dracula*）中的旅行者，刚才这段话就是他到达德古拉伯爵城堡时说的，而伯爵披着长长的斗篷，长着长长的牙齿。

我们的意愿使我们成为人类。否定和放弃它等于屈服于更强大的存在。在布拉姆·斯托克的小说中，这种存在就是吸血鬼。在我们的生活中，它可能是一个人、一群人、一个机构或一种恐惧。

我不打算建议把一大串大蒜挂在家外面，或者求助于驱魔术。不过，我认为这个比喻是生动贴切的。要知道，在吸血鬼的故事中，靠近吸血鬼的人站在镜子前所发生的事：他们只能看到自己的影子，却看不到吸血鬼。这就像是灵魂的一种幻象。风险在于，如果我们屈服于这一幻象，使它变成现实，我们的影子就会随之消失。原我就会让位。

因此，如果我们觉得自己的意愿将被接管，无法确定自己想要什么，就需要控制住无论是真实的还是想象中的力量的魔力，从中找回原我。

> **决策向导**
>
> 在决策中,没有明确而坚定的优先事项是一个明显的缺点。但是只有优先事项同样不行,好比雷声大雨点小,缺乏采取行动的意愿。你甚至可能产生自己有一个优先事项的错觉。但是,当决策时间到来时,你会发现自己无法执行它,而这会证明它一直都是虚幻的和自欺欺人的。假的优先事项会占据你真正优先事项的位置,并任性、随意地生活,最重要的是,它们会认为这是你默许的。

2.尤利西斯约定

这是一个医学用词,被用来描述当下随意做出的决策会在未来牢牢地束缚着我们。它适用于那些将来做出决策的能力可能因健康情况不佳而受到损害的患者。

这个观念源自荷马的《奥德赛》,特别是关于尤利西斯(或奥德修斯)智斗塞壬(Siren)的那段情节:能够用歌声来诱惑人的塞壬打算迷惑尤利西斯,致其死亡,因此,当他们的船接近时,尤利西斯要求他的船员将他绑在桅杆上,以保证他的生命无忧。他还听从女巫喀耳刻(Circe)的建议,用蜂蜡堵住船员的耳朵,以确保他们也不受塞壬诱人歌声的影响。

在决策中，我们经常会遇到分散注意力的事情。令人欣慰的是，在《荷马史诗》中，历经10年的旅程，尤利西斯成功地回到了住在伊萨卡岛（Ithaca）的妻子佩内洛普（Penelope）身边。尽管他专注的这项品质经受住了多次检验，但做到这一点需要他全心全意才行。

在我们的日常生活中，当我们冒着被分散注意力的风险去决策时，没有实实在在的桅杆可以捆绑。然而，许下誓言或做出正式承诺可被视为一个隐喻的版本。相反，我们的决心应该是在我们内心聚集的东西，而且非常坚定。

3.喜剧演员的教训

在我看来，需要即兴表演的脱口秀是具有挑战性的职业之一。我曾经听一位著名的脱口秀演员谈论其在工作上取得成功所需的特质。他说实际上，诀窍是"快速思考"，"为此，要身心放松"。脱口秀的即兴表演感很强，极需表演者立刻决定要说什么，并脱口而出，也就是说，迅速决定说什么最有可能引起笑声和掌声。

《金花的秘密》（*The Secret of the Golden Flower*）是一本经典的探讨中国道教冥想的书，其中附有卡尔·荣格对此书的评论。在其评论中，荣格描述了身心放松的心态，并引用了之前一位病人的一封信：

"守静，概不压抑；专注，接受现实。接受事物本来的样子，而非我希望它们呈现出来的样子。通过做这一切，我突然想明白一些不同的知识，感受到非同一般的力量，有些是我以前从没想到过的。我一直认为，当我们接受事物时，它们就会以某种方式强烈地控制我们。事实根本不是这样的，只有接受它们，人才能确定以什么样的态度对待它们。所以，现在我打算充分感受生活，对任何涌入我大脑的东西照单全收，好坏、阴阳永远在交替，而且以这种方式，也可以接受自己那既积极又消极的天性。如此，对我来说，一切都变得更真实和清晰。我真是个傻瓜！我竟然想方设法迫使一切按照我认可的方式进行！"[23]

这段话很有说服力地概述了身心放松的好处。这关乎接受所发生的事情，而不是与它们抗争。这关乎接受我们周围的生活，因此，要牺牲自我的世俗目标，将自己沿原我阶梯提升至更高的层级。这是确保我们的意愿能够自由移动的唯一方法，而不是使其困在同一个地方不得动身。

***

目前，我们处在旅途中的什么位置？我们在第一部分探讨了关于决策影响原我的恐惧①，而在第二部分，我们重点介绍了原我对决策的影响。然后，我们参加了一次寻找原我的寻宝游戏，无论它隐藏在何处——是决策的六个密室之一，还是密室的前厅，甚至是门枢，我们都要找到它。经过如此彻底的搜索，我们现在无疑找到了原我的可能位置。

第二部分强调的最后的挑战是：行动的必要性、穿越六个密室的意志力的必要性，以及为了得到动量身心放松的必要性。我们将在第三部分探讨这种动量。

---

①如何理解"决策影响原我的恐惧"？举例说明：对失败的恐惧实际上是害怕自己是一个失败者。——译者注

● 关键技能之三　如何使用直觉

> ……决策不得不涉及利用我们的直觉。

直觉是比本能或理性思维更深层次的见解的来源。本能是我们自动对某种情况产生的情绪反应，通常是喜欢或厌恶的即时体验。理性思维是使用相同语言结构的心理历程，包括诸如"因此"、"相反"和"尽管如此"等概念。直觉是无言且深刻的，在这些方面它是独一无二的。其信息似乎经常是一些内部预言的投射。在现实中，它们建立在大量看不见的自我意识、经历和同理心的基础上。

感觉良好的因素

直觉是告诉我们对于某件事情的感觉是对还是不对的反应。通俗地讲，这被称为来自内心的信息，而不是来自大脑的信息。因为这两个信息中心通常处于冲突状态，在决策时背道而驰。

依靠直觉我们可以改善自己的决策，增强做决策的自信。例如，假设你准备了一篇夹杂很多笑话的演讲，想要借此调节气氛，以便自己那些严肃的信息更容易让人接受。可一跨入房间,你就意识到气氛不对,应该舍弃笑话。不知何故,在听众聚拢围着你听演讲之前,你已经注意到了他们的情绪。这就是直觉,从多年的移情中得出的观点正指引你如何做。

经历是促使直觉起化学反应的重要组成部分。你的直觉在不断成长,将你迄今为止多年来在这个星球上无意识学到的所有教训收集起来。

与理性思维相比,直觉的一个优点是它为决策提供了捷径,使你无须掌握大量数据。这并不意味着你应该仅仅凭直觉就盲目决策。相反,直觉会允许你采用"切薄片"技术,即使用小数据样本,而不是筛选理论上可用的大量信息。

迷宫中的光

面对一个重要的决策,任何有责任心的人都有可能去彻底地研究关于这个问题各方面的证据。然而,人脑没有计算机的处理能力,而且在很多情况下,许多证据会与其指向相矛盾。这就是直觉非常有用的道理所在。当你一直在筛选数据时,正如我们经常喜欢说的那样,你的"直觉"已经积累了一大堆难以察觉的信号,有些是积极的,有些是消极的。涉及决策时,直觉会确认或否定理性自我的临时选择。所有选择都应被视为临时选择,但必须得到直觉的批准。如果你感到怀疑的东西正在变成现实,那么请密切关注它。这可能是恐惧,一种基于自我形象长期存在的缺陷的习惯性反应;或者可能是直觉的智慧,引导你朝着正确的方向前进。

最佳条件

以下策略旨在使直觉在决策中更有可能对你有益。

给自己时间:

直觉发挥作用很快,但根据情况的不同,你可能需要几个小时、几天或几个星期来处理。当直觉难以在决策中发挥作用的时候,不要强迫自己利用直觉。

找一个安静的地方:

在一个安静的地方思考,搁置行动,会使你更有可能凭直觉找到所寻求的答案。要沉思,也要有意识地进行深呼吸练习,以减轻压力。

求助墨菲斯:

墨菲斯(Morpheus)不是一个可用语音激活的虚拟助理,而是希腊神话中的梦神。睡个好觉可为直觉发挥作用创造完美的条件。答案可能不会在梦中来到你身边,但在第二天早上你会更容易听到内心的声音。

第三部分

决断力的动量

第三部分 决断力的动量

第七章 重中之重

> 活着就像骑自行车一样,只有不停地移动才能舒适地保持平衡。[1]
>
> ——阿尔伯特·爱因斯坦,1930年写给他儿子
> 爱德华的一封信

为什么要在本书的倒数第二部分讨论动量,而不是直接跳到我们追求的主要目标、决策思维以及我们如何做出最明智的决定?

答案是我们需要在本书中一步一步耐心地前进。我们已经发现了不做决定的潜在动机,以及我们陷入僵局的一些原因。现在,我们来看看决策的引擎。

动量是驱使我们在六个决策密室中做出选择直至实现它们的动

力。怎么会这样？我们如何才能得到有利的动量条件呢？

这条新的路段并非没有危险。它们不是来自外部的障碍，如另一个人的意愿，而是无形的内在障碍，只有在动量减弱或缺失时才会显现出来。

通常，一项计划可能在开始时很好，并使我们深受其吸引，但后来却令人大失所望，且没有明显的原因。结果，我们对必须做的工作失去了兴趣，最终变得拖延。

这让人想起汉尼拔（Hannibal）的故事，他是公元前3世纪的迦太基将军，毕生致力于征服罗马帝国。坎尼（Cannae）之战是第二次布匿战争的决定性战役之一，汉尼拔在取得坎尼之战的胜利后已经非常接近他的目标了。几个罗马势力强大的地区发生变革，一个接一个地投靠迦太基。正如罗马历史学家李维（Livy）所写的那样："从罗马盟友的行为可以看出，坎尼的战败比之前的战败要严重得多。在那决定性的一天到来之前，他们的忠诚不可撼动。现在，忠诚开始动摇了，其原因很简单，他们对罗马政权失去了信心。"[2]

在此阶段，似乎没有什么能够阻碍汉尼拔取得最终的胜利……除了一个重要细节：动量。

汉尼拔没有势如破竹地一直杀到罗马，这和他下定决心，带领军队（包括37头大象）首先突袭西班牙和高卢，然后穿越阿尔卑斯山，一路凯歌，杀到意大利南部时相反，在最终攻击罗马之前，他决定在其新建的卡普阿（Capua）基地重新集结。

汉尼拔手下的一位大将敦促他立即向罗马进军，但他拒绝了这个建议。这场迄今为止持续成功的战争的势头的中断，被证明是迦太基人毁灭的原因。

人们普遍认为，在卡普阿的逗留代表着一种对某种努力的中断的误判，再加上毫无根据的自信，也代表对美好生活的命中注定的沉溺。卡普阿重新回到罗马人手中，汉尼拔则被召回迦太基。面对在军事上遭受的更多的失败，他最终自愿流亡。

这个故事已经流传了 2000 多年，毫无争议地成为证明失去动量就会面临风险的绝佳案例之一。

让我们反思一下"动量"这个词。它关系到速度，即 speed，或者更确切地说，是 velocity。（在物理学中，物体的动量是其质量乘以其速度。）尽管都是速度，但 speed 与 velocity 却有所不同。有什么不同呢？

在日常用语中，二者常被当成同义词，但它们的定义存在一个重大差别。speed 是一个标量，velocity 是一个矢量。标量速度（speed）仅用数值来表示；而矢量速度（velocity）用数值和方向来表示。换句话说：

标量速度＝距离/时间

矢量速度＝位移/时间

设想一下，你以恒定的标量速度乘机从伦敦飞往纽约。你无论是乘坐直达航班，还是决定飞一个更长的路线，最终都会降落在纽约，这种标量速度不受旅程路线的影响。

至于矢量速度，重要的是位移，而不是距离。在前例中，你可能仍以恒定的标量速度飞行，但选择更长的航线会大大降低你的矢量速度。同样的位移，即从伦敦到纽约的里程数相同，但需要更长的飞行时间。也可以这样说，你如果从伦敦起飞，在3小时后不得不飞回那里，那么你的矢量速度归为0，因为你的旅程正好结束于起点。

与矢量速度类似，动量关乎我们思想之间流动的效率问题，会导致一个决策的产生。这是在决策的六个决策密室之间的心流。动量涉及从决定需要到决定本身的转变。除非我们依次访问每一间密室，否则迅速直达最后一间密室的能力并不重要。同样，如果我们反复进入相同的密室，不能继续前进，那么我们的标量速度就无关紧要了。

换句话说，我们做决定的速度是次要的，更重要的是我们如何做出决定。

第三部分　决断力的动量

第八章　决策的心流

现在我们已经探讨了心流、标量速度和矢量速度之间的联系,下一个要探讨的问题是:我们如何创造和保持自己的心流和动量?

"心流"恰巧是匈牙利心理学家米哈里·契克森米哈赖(Mihaly Csíkszentmihályi)的一本畅销书的书名。他的研究将心流与最佳表现联系了起来,而研究对象可能是艺术家、运动员、科学家、公司首席执行官或其他人。他将"心流"定义为"为了某一项活动而全身心地参与其中,这时自我消失了。随着时间飞逝,每个动作、移动和想法都必然延续前一个动作、移动和想法,就像演奏爵士乐一样"。[1]

对包括决策在内的所有人类成就而言,心流是共有的。我们可以从契克森米哈赖的研究中学到什么?它如何帮助我们获得决策所需的心流?

产生心流

心流体验背后的一些条件是值得探索的,我们会重点关注这些条件与决策的相关性。

我们有机会完成的任务

人们很容易误认为这是容易完成的任务。契克森米哈赖的研究表明:最有可能产生心流的活动是那些具有挑战性,同时需要我们拥有最先进的技能的活动。

这是我在与成功的领导者合作时得到的经验:他们不是碰到困难会焦虑不安的人。相反,他们会抓住机会,在极具挑战性的情况下充分发挥自己的才能,击败其他人。

他们往往较少参与"日常"任务,而是乐于委派他人完成。

契克森米哈赖解释说,心流会发生在一个非常具体的点——人们感知到行动机会的时候正是他或她有能力胜任之时。[2]

我认为这就是为什么很多做事拖拖拉拉的人会把成堆的决策推迟到最后一刻,从而加剧了原本很容易完成的任务所带来的挑战性的一个关键原因。他们甚至有可能承认只有在压力之下才能做好工作。但他们没有意识到的是,这种压力完全是他们自己造成的。

另一种极端的情况是,做挑战性低且所需的技能级别低的任务会导致冷漠、无聊、担忧和焦虑。这便是决策上的"末日四骑士"①!

控制的悖论

契克森米哈赖解释说,取得很高的成就且体验到心流的人拥有共同的特征,这与他们对控制的态度有关。³

体验到心流的人并不寻求生活在一个无风险的世界里,也没有试图控制每一个风险因素。相反,他们冒着风险求生存,因为他们知道充分利用自己的才能将会使遇到的风险值降至最低。万一危险发生,他们也有信心应对。因此,他们的经验是在需要控制时控制可能性,而不是在所有时候控制真实性。

无论如何,正如爱比克泰德在2000年前教导我们的那样——我们能控制的范围有限。任何突破此限制的尝试都是注定要失败的,会让人沉溺于精神失序的状态,变得萎靡不振,而这恰与心流相对。

在契克森米哈赖看来,我们只有放弃对力所不能及者的控制,才能充分体验到心流。矛盾的是,这也是我们当初想要通过控制来达到的那种结果。

自我意识的丧失

心流发生在自我意识丧失之时,此时的自我退回到了背景中。

---

① 末日四骑士,又称天启四骑士,出自《圣经·新约·启示录》第6章,分别代表战争、饥荒、瘟疫和死亡。——译者注

因此，心流体验在很大程度上是不自觉的体验。契克森米哈赖解释说，通过完成一项具有挑战性的任务，从心流中产生的自我会更强大、更复杂。通过伸展我们的身体和扩展我们的技能，心流丰富了自我。

契克森米哈赖提到了神经生理学家让·汉密尔顿（Jean Hamilton）博士的研究成果，汉密尔顿证实："在经常报告产生了心流的人中，当他们注意力集中时，大脑的活跃程度会降低。实际上，注意力的投入似乎减少了大脑活动，而不是使之更活跃……这反过来表明，在各种情况下都能自得其乐的人有能力屏蔽导致其分心的刺激，只关注与他们当前的决定相关的内容。"[4]

与之相反的特征则是"刺激被无差别地接受"，它表示我们易被不相关的信号分散注意力。

除此之外，契克森米哈赖还提到了另外两个阻碍心流产生的人格特征。一个是过度的自我意识，其特点是一个人总是担心别人会如何看待自己，害怕给别人留下不好的印象或自己做了不当的事情。

另一个不合格的人格特征出现于当人们过分以自我为中心时。"一个以自我为中心的人通常不具有自我意识，而只根据信息与其欲望的关系来评估每一条信息……意识完全以它自己的目的来构建，不符合这些目的的东西就不被允许存在。"[5]

上述特征的共性在于心理能量的使用。"刺激被无差别地接受"

不利于心流的产生,因为一个人的"心理能量会变得流动性太大、太不稳定"。[6]另一方面,过度的自我意识和过分以自我为中心会阻止心流的产生,因为一个人的注意力已经变得过于集中,注意的范围也变得过于狭隘。

获得心流的人致力于"在任何情况下都尽力而为",但这并不意味着要受自身利益的支配。[7]相反,这意味着他们承诺会尽可能有效地发挥自己的才能,以取得最佳结果。

契克森米哈赖解释道,他们知道自己不是被迫完成业已开始的任务,而是心中的某些东西让他们继续前进,不允许其认输。

我认为这既是心流体验的来源,也是心流体验的结果。

最终,如果决策需要适当的动量,那么了解和培育心流有助于我们创造这种动量,并避免任何形式的中断。如果我们生活在恐惧之中,担心我们的决策会改变人们对我们的看法,或者做出决策是为了给人们留下深刻的印象,那么肯定不会取得最好的结果。

决策向导

　　进入舒适区或心流状态可以使决策变得更流畅和有逻辑性。我们似乎失去了所有的时间感，就像我们的意识几乎与其关注的对象融合在一起一样。此处的重点是，你不必为了让自己进入心流状态而去喜欢自己要做决策的主题。如果你全心全意地投入，决策开始时产生的负担就会引发心流。

第九章　引擎盖下

　　在探索动量的阶段，我们已经确定了位移高于距离的首要地位，从而确定了心流的意义所在。然而，心流本身只是动量的印记，是证明它存在的最清晰的信号。心流不产生动量，而是动量产生心流。想一想风力涡轮机会对你理解这一点有所帮助。与较简单的想法相反，产生风的不是涡轮机，而是涡轮机需要风吹动叶片才能产生能量。

　　因此，问题是：当我们打开动量的引擎盖，并尝试探索心流在内心何处产生以及如何产生时，会发生什么呢？

　　继续以机械类比，打开引擎盖时，我们首先注意到的是"传动带"，它是引擎的关键部件，能够将动力传送给车辆的其他部分。

　　让我们设想这个传动带是由两个部分组成的：

　　上半部分，打开车辆的引擎盖，立即就能被看见。

　　下半部分，直到引擎被发动时，仍然是隐蔽的。

动量"传动带":上半部分

传动带的可见部分是我们在第一次打开引擎盖时看到的东西。我们继续打比方,神经科学家已经多次掀开了动量的引擎盖,其中就有爱荷华大学医学院神经学系主任安东尼奥·达马西奥(Antonio Damasio)。

利用电极或微创的精密成像技术(如磁共振扫描),神经科学家能够识别大脑的哪些区域与特定的想法、行为或情绪相关。对脑损伤患者的分析为揭示大脑受影响部分与患者表现出的相应症状之间的关系提供了很有价值的见解。

现在,达马西奥利用这些发现以及更广泛的知识和经验,对决策问题进行了阐述,其见解不但容易理解,而且富有价值,尤其在我们倾向于过分强调理性的作用,而轻视情绪的作用时更是如此。

他举了以下与推理没有直接关系的有关决策的例子:

- 我们对血糖水平下降的反应,以及检测到的下丘脑神经元对这种下降的情况的反应:随之而来的饥饿状态会刺激我们进食,但不涉及有意识的知识或推理的运用。
- 我们有远离坠落物体的本能。在这种情况下,我们的反应仍然没有运用有意识的知识或有意识的推理。(然而,我们曾经有意识地学习如何应对这种情况，这种知识被我们的刺激/反应系统牢记，以至于无须考虑，它就会自动反应。)[1]

这种反思使达马西奥对形式逻辑的"高度理性"观点和"躯体标记"观点进行了区分。高度理性观点受到了柏拉图和笛卡尔等人的重视，而躯体标记观点指的是我们主要关注身体的感触，比如我们的"直觉"。达马西奥断言："躯体标记可能不足以用于正常的人类决策，因为随后的推理过程和最终的选择仍会在很多情况下发生（不是所有情况下都会发生）。"[2]然而，在同一篇文章中，他补充说："躯体标记可能会提高决策过程的准确性和效率，而缺少它会降低准确性和效率。"

在达马西奥后来发表的文章中，他进一步探讨了理性和情绪在决策中各自发挥的作用。他讲述了一位女士的故事：她65岁，患有帕金森病，这种病使她不再对神经递质多巴胺的化学前体左旋多巴（levodopa）有反应。他解释说："某些帕金森患者的大脑神经环路中缺少了多巴胺，就像糖尿病患者的血液中缺少了胰岛素一样。……遗憾的是，对于那些神经环路中缺乏多巴胺的患者而言，旨在增加多巴胺含量的药物不能帮到他们所有人。"[3]

另一种治疗方法是将小电极植入帕金森患者的脑干中。这种方法效果显著，因为症状似乎奇迹般地消失了。

这就是这位特定患者的情况:医生发现接入电极大大减轻了她的症状。

"但是,当电流通过患者左侧的四个触点之一时,意外发生了。这个触点的位置正好比能改善她病情的触点低了2毫米。病人当时正讲着话,却忽然停止,垂下目光,看向自己的右侧,然后身体略向右倾,面部表情传达出悲伤的情绪。过了几秒钟,她突然哭了起来。……随着情感的继续流露,她开始谈论自己有多么悲伤,再也无力继续这样的生活,是多么绝望和疲惫不堪。"[4]

这种描述让人特别吃惊的地方在于其特定的发生顺序,悲伤情绪的流露先导致病人产生悲伤情感,最后使她产生悲观想法。

对达马西奥来说,这种罕见的神经性事件之所以重要,是因为在正常的研究条件下,这三种反应发生的速度如此之快,以至于研究人员无法识别将它们连在一起的先后顺序。在这种情况下,情节催生了明确的顺序。这种顺序,使情绪导致情感,情感又导致了想法。

情绪与情感的区别是:情绪是外部刺激的结果,而情感是情绪的内化,即"对被情绪改变的真实身体的知觉"。[5]

很多人看重理性而轻视情绪,作为纠正这一倾向的方法,"情绪—情感—想法"序列是非常值得我们去记住的。我们常常试图通过将情绪置于理性的束缚之下，从而对它加以抑制。然而，这绝不是一个好主意：它消耗精力，并可能造成各种心理压力的产生。事实上，正如达马西奥证明的那样，我们的情绪提升了推理过程的效率，并且提醒我们注意需要立即注意的情况。尽管来自它们的一些信息可能太夸张（例如嫉妒或害怕公开讲话），但从进化的角度来看，这类警报也有其价值。做决定时，我们可能需要质疑自己的一些情绪反应，并找出自己有这些反应的原因，但忽视或试图抑制它们会适得其反。

达马西奥的"情绪—情感—想法"序列让人联想到17世纪哲学家巴鲁赫·斯宾诺莎的"意志—欲求—欲望"序列，后者构成了其"努力"（conatus）概念的基础。斯宾诺莎所说的"努力"指的是我们每个人内在的动力，让我们想要追求自我实现，因为"万物都会努力维持自己的存在"。[6]

对斯宾诺莎来说，当只与心相关联时，"努力"就是我们所说"意志"（will）。当与心、身相关联时，它就变成了"欲求"（appetite）。然后，当我们有意识地去满足这种欲求时，它就变成了"欲望"（desire）。

通往达马西奥序列中的"想法"和斯宾诺莎序列中的"欲望"的道路都涉及心和身之间的相互作用。这种相似性是以何种方式影响我们目前对动量的理解，并最终得以决策的呢？

哦,斯宾诺莎真正迷人的见解即在于此。他把"欲望"定义为"意识到的欲求",意味着我们意识到了先是通过身体继而通过心灵体验到某种事物。他因此得出一个令人惊讶的断言:"我们不是因为认为它是有利的,才谋求、希望、寻求和渴望它,恰恰相反,我们是因为谋求、希望、寻求或渴望它,才断定它是有利的。"[7]幸福并非来自我们得到了自己欲望中的东西,而是来自我们最初的欲望。因此,我们的决策变成了通过对自我的运用做出选择,继而从中找到一种自然的公正或善良。

重要的是,这种判断不附带明确的道德信息。我只是意识到有些东西对我可能是有利的(或不利的)。如果有利,它就会在某种安排上与我共谋,使我得到提升,并帮助我坚守自己的存在,从而体验到快乐。

通过这种方式,斯宾诺莎避免了掉入与激情对立的理性的陷阱。理性的核心是欲望。这与柏拉图的观点大相径庭,其关于驾战车者的寓言就说明了这一点。

"让我们把灵魂比作双翼飞马与驾驭者的一个自然组合……首先,我们的驾驭者要掌管一对马;其次,其中一匹马漂亮而健壮,血统高贵,另一匹马则与之正相反。这意味着,在这种情况下,驾驶二轮战车必然是一件痛苦而又困难的事情。"[8]

在柏拉图的寓言中,驾驭者只有让两匹马朝着同一个方向前进,才能取得进步。血统高贵并精心培育的马代表了我们的理性和道德倾向,而比较难驾驭的马象征着我们的激情和欲望。这个理念似乎预见到了2000多年后弗洛伊德的思维模式,即以自我(ego)为驾驭者,以超我(superego)为我们的理性的高贵倾向,以本我(id)为我们的原始本能。

对于斯宾诺莎而言,取代理性与激情之间争论的是另一种模式,这种模式基于快乐和悲伤两种情感。如果理性本身不能引导我们做出最佳决定,那么也许我们的最佳策略是影响我们的欲望,并将它们的轨迹调整到朝着更多喜悦(或至少是较少悲伤)的方向前进。实现这一目标的唯一途径是通过其他影响力更大的欲望:"除非出现一种更强大的、相反的情感,否则,这种情感不可能被抑制或消除。"[9]

因此,如果我们沿此路走下去就会知道,决策并非一个冷冰冰的过程,而是一个有意识地将我们的每一个选择合理化的过程(因为我们永远不会知道事情背后的所有原因)。相反,斯宾诺莎提供了一种方法,该方法通过我们所做的选择来提升我们的存在感。检验它的方法很简单,就是看它带给我们的快乐——通过在自己内部以及与周围建立的更深层次的联系。

动量"传动带":下半部分

在上一节中,我们确定了神经学家(达马西奥)和哲学家(斯宾诺莎)在人类思维运作的一个主要方面的意见是一致的:我们首先要决定,然后再深思熟虑。

由于我们经常听到决策关乎判断的说法,所以我认为对决策的一个很好的比喻是很多国家的司法体系的运行方式。首先是取证程序,包括证人的证词;然后,一旦摆明证据,就由法官和陪审团进行审议。

若应用于决策,取证程序是意识到情绪、情感和欲望。由此产生的想法随后会经过审议程序,以便做出最后的决定。

这与我们在本书的第二部分构建的模型相比如何?那个模型即COSARC金字塔模式,有六个密室:创意、选项、选择、行动、决定和终结。从表面上看,逻辑学的COSARC模型似乎与心理学的"情绪—情感—想法"序列相矛盾。在心理学的模型中,我们首先要决定,然后再深思熟虑。然而,事实上,这两种模式之间具备价值的协调。

让我们返回到前面那个司法的类比。如果发现过程或者说一个决策的形成是由情绪和情感提升为一个想法(或决定)构成的,那么COSARC金字塔提供了审议室,让这一想法在此得到进一步完善。在这个内部法庭中,有一间通向COSARC金字塔的前厅,在我们试图有意识地处理决策之前，它就已经在那里形成了。现在我们所知道的是，当我们有意识地准备思考我们的选项时，我们的心灵已经决定了它的选择。

然而，在此阶段，我们只探索了动量"传动带"的一半内容。"情绪—情感—想法"序列及斯宾诺莎的另外一个序列"意志—欲求—欲望"让我们知道，"想法"是未实现的，而"欲望"是未满足的。

然而，斯宾诺莎并没有看到未被满足的"欲望"和仍然抽象的"想法"有多大的意义，它们尚不能适用于现实世界——没有人可以在渴望快乐、行为良好和生活富足的同时，又不渴望存在、行动和活着，也就是说，真实地存在。[10]

当我们在探索情绪与行动之间的联系时，一定会问自己：这个联系中潜在的弱点在哪里？当我们的欲望没有导致行动或我们的想法没有得到贯彻时，该联系是在何处中断的？此外，如何解决我们想要的和我们要做的之间的冲突，也就是我们的存在和生命之间的冲突？

马丁·布伯在《人类之路》中对这个问题做出了极好的回答。对布伯来说，任何冲突的真正根源在于人的存在与生命的三项原则之间的根本冲突：思想原则、言语原则和行动原则。他继续说道：

"我和我的同胞之间的所有冲突的根源在于：我不说我之意，我不做我所言。……通过我们的矛盾、我们的谎言,我们扩大了冲突局面,并赋予了它们权力,直到它们开始奴役我们。从此,我们便无路可走,除非借助于关键的认识:一切取决于自己,也取决于关键的决定,即我会改进自己的行为。"[11]

在同一篇文章中,布伯写了从自己做起的重要性。这种个人关注应该得到充分重视,否则,我们的主动性就会减弱,我们的整个事业就会受挫。

跟随布伯,我们了解了一种有关我们的动量链或传动带的"终止"方式。完成"情绪—情感—想法"序列的是布伯的"想法—言语—行动"序列,因此整个链条如下:

情绪—情感—想法—言语—行动

布伯似乎呼应了埃德加(Edgar)在莎士比亚的《李尔王》结尾时的救赎之词:"说出我们的感受,而不是我们应该说的。"[12]

这句话也突出了布伯向我们揭示的关键"缺失环节"——言语,用于对我们的想法和欲望的表达和肯定。思想的语言化指的是思想被我们从情绪和情感的抽象世界带入现实世界,进入我们生活和共享的空间——语言。这个过程是我们下定决心的关键。

第三部分 决断力的动量

> **决策向导**
>
> 用语言表达可在决策上取得关键性的突破，即便我们在独自思考和行动时也是如此。毕竟，我们进行的是永恒的内心对话，常常把言辞、情绪和情感混在一个模糊的心理群中。筛选这种混合物的方法之一是用语言更精确地表达我们的想法，就好像我们在为自己撰写一个摘要。我们通常只要准确地表达一句话，就可以为自己的决策指引一个有益的方向。

布伯警告我们要提防的是一个虚拟世界，在这个世界里，决策仍然是想法，而没有被付诸实施。在这个世界里我们可能想的是一件事，说的是一件事，而落到实处的却是另外一件事。如果动量通过意志在"情绪—情感—想法—言语—行动"链不间断地移动，那么整个过程中的任何中断都将会破坏此动量。想的、说的和做的不一致是罪魁祸首。任何与我们的情绪、情感和欲望的脱节都可能造成潜在的破坏。布伯的劝诫是从自己开始，以及"在这个世界上只关心这个开始"，提醒我们良好决策的起点永远是有一个一致的、个性化的心灵。这也就意味着难以决策与一些更深层次的内心矛盾有关，之前我们探讨过这一主题。

动量链赋予生命以活力。斯宾诺莎和达马西奥都得出了结论：驯服我们的激情和欲望就等于削弱了这种生命力，并最终使它中断。

在这一点上，斯宾诺莎有可能意识到了，在希伯来文的《圣经》中的"中断"一词跟"不幸"或"逆境"是同一个词。如果我们中断了动量链，就会置自己于危险之中。

让我们记住，代表时间不停流逝的神话人物柯罗诺斯经常以手持长柄大镰刀的形象出现，该工具也是其在死神肖像中使用的工具。如果镰刀不是彻底分离的工具，那又是什么？这正是我们在做最艰难的决策时所需要的。

事实证明，动量链如果承载着我们的生命力，那么必然会在运行的最后一次被死亡中断，一断百断。法语中表达"静物画"（still life）的词是"nature morte"（意思是自然死亡，英语直译为dead nature）。这也许并不是巧合。

但我们看待死亡的方式有两种。在生物学方面，死亡意味着我们的身体作为一个活体的结束。在斯宾诺莎看来，死亡是我们欲望的中断。当我们的欲望被压抑，或者沉寂、缺少、无效时，我们就会死去，无论是被压抑了几秒还是几天。

由此得出结论，生活不仅是我们决策的总和，也是我们欲望的总和。

第三部分　决断力的动量

卡尔·荣格指出:"邪恶之灵是借助恐惧消耗生命力的。拥有胆识才能使我们远离恐惧,如果不敢于承担风险,生命的意义就会被亵渎。"[13]我们早先已经看到,恐惧是具有破坏性的,会阻碍我们开始决策。一旦我们开始了,恐惧就会让我们偏离正轨。提及"胆识"时,荣格提供了解决方案的起点。在决策领域,它的一个近义词就是"意向性",正如《牛津英语词典》定义的那样,指的是"故意的或有目的性的事实"。这是所有心流体验的来源。

意向性对于决策很重要,因为它是我们的意志和努力最纯粹、最原始的体现。这正是我们为了平息恐惧所需要的。我们正是靠这种能量才将恐惧设置的路障从我们选择的道路上移开。它表明了我们的意志,同时释放了动量。

获取这种能量(即我们的意志力)是本书接下来的部分,即最后一部分要探讨的主题。

● 关键技能之四　如何接受无法改变的和改变无法接受的

我们只有放弃对力所不能及者的控制，才能充分体验到心流。

在生活中，我们要遵守一个很重要的规则，那就是必须接受当下无法改变的东西，之后尽我们所能努力使之变得更好。在任何情况下，无论是商业领域还是生活中，这都关乎寻求自我提升，以便使我们与众不同的品质显现出来。更明显的是，它涉及改变周围的环境，例如为项目挑选合适的团队，设定正确的目标，激励团队成员，尽我们所能确保效率的最大化。

流程

在商业中，重要的是不浪费精力去做不切实际的决定。很明显，你不能改变其他国家的法律。然而，没有多少迹象表明你无法改变公司的定位。尽管做这件事有成本，但或许你能有所收获。

优秀的管理者应避免基于表面上难以辨别的真实性立即做出判断。若一种状况长时间地持续，似乎就会越来越不可能改变，这种心理效应可称为"给定的时间加权值"。在心灵深处，想象力令人望而生畏：它觉得改变需要对抗历史，并在现状中表现出来。

显然，这种想法是有缺陷的：任何可行性研究都需要把情绪反应（信心的丧失）放至一边。当然，在很多情况下，一个项目确实是不可行的。此时，可能会出现与之相反的状况，即依恋个人的愿景而不愿意放弃。而做出一个好的决定需要可以减少依恋愿景的技能发挥作用。

其他人往往是影响决策的一大因素。想知道如何影响别人，你需要有同理心；然后，为了施加必要的影响，你需要成为一个强大而敏感的沟通者，且使用的方法必须因人而异。

有时，通过第三方施加影响是一个更好的策略，也许有人会比你更接近相关之人。

关乎接受的指南

生活和商业的基本规律是，接受促进改变的需求。这些改变可分类如下。

认识自我，改进自我：

识别你的情绪，并选择给予积极的反应。最好的反应是以自我宽恕的精神接受这些情绪,同时冷静地做出积极的选择。如果全身心地接受,那么这些积极的选择将不会给破坏性的能量留下容身之地,如遗憾、怨恨等。

了解影响,提升影响：

确定接受对你和他人产生的影响,并计划好你需要做什么才能将不利因素的影响降到最低,以及将有利因素的影响最大化。同时,积极地落实这些计划。

认识未来,改善未来：

不要让你已经接受的情况受到界定："接受"不是你的蛰居之地。你仍然有一个开放的未来,在这个未来里,可以制订新的计划,并找到表现自己核心优势的最佳方法。让原我在未来绽放。

关乎改变的指南

改变是赋予勇敢者生命的氧气。你可以通过改变来拓展和提升自己的个人素质,特别是当你需要自尊、想象力、谋略、心理弹性、移情能力、勇气和良好的沟通技巧时,要将任何重大改变都设计为一组小的次级改变。综观全局(退后一步便可以看得更完整),但不要被它吓倒:任何全局都是由较小的部分组成的,所以专注于一个部分时,你就是在尊重该情形下的现实。

第四部分

决策思维

第四部分 决策思维

第十章 透视问题

我们称欧洲的14至16世纪为文艺复兴时期,与其说这是一个探索新发现的时代,不如说是一个重新发现的时代,即重新发现古希腊和古罗马思想的时代。

特别是,在古典哲学家重新发现的推动下,这个时期出现了一种新的人文主义。普罗泰戈拉(Protagoras)就信奉此主义。在公元前5世纪,他提出了一个著名的命题,即"人是万物的尺度"。

古人的启示不仅表现在哲学上,还体现在绘画、建筑、文学和科学等不同领域。例如,在艺术上,直线透视概念得到了普遍的认可。很快人们就想到了它与决策的联系。透视取决于一个视角,从这一点看远方的事物,它们会变得比较小。我们都知道最具挑战性的决定要求我们采用一种新的透视方法,以避免陷入犹豫不决的僵局。因此,透视这个主题值得更密切的关注。

159

大量证据表明，古代伟大的艺术家已经掌握了在绘画和雕塑中呈现栩栩如生的自然景观的能力。早在公元前5世纪，希腊风景画家阿加塔库斯（Agatharchus）就针对其对收敛透视的运用撰写了一篇述评，并得到了同时代人的广泛追随。

中世纪艺术中对透视粗略甚至有些天真的应用，让文艺复兴时期的艺术家得以看到很多先例，从而就如何描绘自然获得了启发。

菲利普·布鲁内莱斯基（Filippo Brunelleschi，1377—1446年）是一位意大利建筑师，被人们普遍认为是重新发现线性透视的人。该技术使他能够想出如著名的佛罗伦萨大教堂圆顶这样富有创造性的设计，依今天的标准看，它仍然是工程领域的一项壮举。

在布鲁内莱斯基重新发现线性透视后不久，它就成为整个西欧艺术工作室的应用标准。1435年，莱昂·巴蒂斯塔·阿尔伯蒂（Leon Battista Alberti）的《论绘画》（On Painting）一书出版，无疑促进了这一趋势的发展。就在这本书里，阿尔伯蒂将布鲁内莱斯基在线性透视方面的成功经验正式发展为一个完整的理论。

随着这些艺术上的发展，文艺复兴在哲学上进行了一场平行的革命。12世纪以来，在1000年的大部分时间里，西欧的哲学领域一直是天主教会的领地。接着是古希腊哲学流派的重新发现，如柏拉图学派、亚里士多德学派、斯多葛学派、伊壁鸠鲁学派和怀疑论（一种建议怀疑上帝存在的哲学）。毫不奇怪，当时教会视这些想法为直接威胁,并指责它们为异端,很多情况下会将相关的"异教徒"逐出教会,甚至处死他们。

然而,虽然教会在尽力抵制这些新思想,但它并不能完全免受其影响。在尤利乌斯二世的赞助下,米开朗基罗绘制了西斯廷教堂的穹顶画,拉斐尔受命装饰了梵蒂冈的圣彼得大教堂。这些是非常能象征罗马文艺复兴全盛期的杰作。

这些杰出的画作有一个共同点,那就是对透视的出色掌控。这在拉斐尔的杰作《雅典学派》中非常明显。在这幅大型壁画中,拉斐尔运用单点透视技术来放大建筑的宏伟感,同时赋予所描绘的希腊哲学家更高的光环,并暗示他们的知识成就。

反过来,如果文艺复兴时期的某些艺术以及哲学思想没有渗透到被教会严格保护的教义中,那么教会中的一些人也不可能赞助文艺复兴时期的这些一流的艺术家。

例如,我们可以看到,艺术接受了线性透视,进而教会接受了这种艺术,从而使得某些神学家受到启发,自觉或不自觉地在他们自己的作品中反映出透视的概念。

罗马天主教耶稣会创始人圣依纳爵(St Ignatius)是一个值得注意的例子,他原名叫伊尼戈·洛佩斯·德·罗耀拉(Íñigo López de Loyola),生于1491年,比哥伦布发现美洲早一年,时值欧洲从文艺复兴早期过渡到全盛时期。他在天主教信仰受到宗教改革以及路德（Luther）和加尔文（Calvin）等人挑战的时代颇具影响力。圣依纳爵致力于抵制这种倾向，成为反宗教改革运动的名义领袖之一。他认为人们需要以最纯粹的形式回到经文中，并与上帝建立更直接的联系。

在他的"辨别诸灵"概念的背后是上帝通过我们的情感、欲望和想法直接与我们每个人沟通的理念。区分哪些是来自上帝的情感和哪些不是来自上帝的情感对圣依纳爵的教导至关重要。我们的情感、想法和欲望从何而来？了解这一点会如何帮助我们做出正确的决定？这些是圣依纳爵在其《灵修》（*The Spiritual Exercises*）一书中想要回答的部分问题。

> **决策向导**
>
> 如果了解自己的情感、欲望、想法和恐惧源自哪里，我们就更有可能做出对自己有利的决策。在《灵修》一书中，圣依纳爵探讨了这一理念。自我剖析的质疑方式始终是决策的良好起点，因为它尊重人类行为的关键原则之一：我们的选择不是凭空而得的，而是充分经历过生活的自然延伸。

总体而言，圣依纳爵的方法使我们"从各个角度"看待决策，并耐心地对待决策流程。此外，他建议，每次决策时，我们都应为每个选项拟定一份注意事项清单，表明其积极面和消极面。如果这样还无法给出明确的决策，那么他建议我们咨询我们信任的其他人，并学会相信自己内心的想法。最终，当没有明确的答案出现时，决策就是寻找"理性更倾向于哪一方面，如此……基于理性的更有利的行动"。[1]这是一种信念的飞跃。

三种技巧

《灵修》中有三种特定的技巧引起了我的注意。在第一种技巧中，圣依纳爵建议我们"应该像处于一台天平的中心"，与优先选项保持距离，以便客观地考虑我们的选择。[2]为了帮助我们保持专注和透视，他要求我们"记住我们人生的目的是什么"。

在另一篇文章中，圣依纳爵建议我们想象"一个（我们）从没见过或知道……却希望她/他是十全十美的人"，她/他需要做出跟我们同样的决定。他建议我们再想象自己向这个人提供决策建议。其暗含的理念是我们更善于为他人提供建议，而不擅长听从自己的建议。这意味着这种额外的距离和透视可以帮助我们思考："那么，既然跟我的情况相同，我自己也应该这样做，并坚守我为他人设定的

规则。"³

> **决策向导**
>
> 如果你设想自己正在为一个陌生人提供有关最佳行动方案的建议,而他所面临的情况与你的相同,那么其中所涉及的距离感可以帮助你为自己做一个好的决定。当自我剖析的方式似乎是你力所不能及的,例如你的问题特别复杂或令人痛苦时,这就是一种极好的方法。

尽管有不祥之感,但在我心中,第三项建议是最有效的,即想象自己"濒临死亡",在生命的最后一天,即将面对神的审判。"我应该在审判之日审视和考虑我的处境,设想在那一刻,我在目前这个问题上会如何选择;现在采用我在那时想要遵守的规则……"⁴考虑过这些之后,那么我们最引以为豪的行动方案是什么?

在每一个建议中,共同的联系是距离和透视:与我们的偏好保持距离,与我们的自我保持距离,与现在的原我保持距离,远远地观察,进而从那个遥远的位置获得清晰而深刻的见解。

在强调疏远自己的价值时,圣依纳爵表现出了与众不同的远见:在500年后大多数探讨决策并著书立说的作者都在重复他的观点,即通过人为地选择站在远处,反而能够获得清晰而深刻的见解。

保持距离是一种大多数自助手册都推荐的技巧,包括奇普·希思(Chip Heath)和丹·希思(Dan Heath)的《决断力:如何在生活与工作中做出更好的选择》(*Decisive: How to make better decisions*)。希思兄弟分别在斯坦福商学院和杜克大学任教,他们建议在面临挑战性决策时使用"WRAP公式"。它包括以下四个步骤(WRAP即表示这四个步骤的英文短语第一个单词的首字母):

Widen your options.——增加你的选项。

Reality-test your assumptions.——在现实中检验你的假设。

Attain distance before deciding.——在决策前远远地审视你的选项。

Prepare to be wrong.——做好出错的准备。

第三步所说的距离的重要性与圣依纳爵表达的观点一致。但是,这些作者建议我们如何拉开这个距离呢?

首先,我们需要谨防当下的情绪对我们的影响,而圣依纳爵完全同意这一点。与当前的情绪保持距离的一个方式是"10-10-10法",迫使我们像关注现在的情绪一样关注未来的情绪。该方法是由美国作家、财经记者苏茜·韦尔奇(Suzy Welch)发明的。它要历经三个时间段的检验,我们在面对一项决策时可能会因为这些考虑而受益。

它们是：10分钟后，我会觉得这个决策怎么样？10个月后我会是什么感觉？最后，10年后的感觉呢？

这种反思并非否定情绪。相反，这种方法旨在使我们远离短期的情绪，将我们置于中、长期情绪提供的角度考虑问题。

当然，我们必须有自知之明，以便对未来做出必要的预测。然而，即使利用这种自我认知的因素，这种方法（就像任何透视法一样）也会依赖错觉。实际上，我们连自己当下的情绪都无法断言，更不用说10个月或10年后的情绪了。尽管如此，该方法至少可以让我们退后一步，与选项拉开一定的距离，以便看清其所有的缺陷。

希思兄弟在他们的书中提出了建议："也许在做出个人决定时，最有力的问题是，在这种情况下，我会告诉自己最好的朋友做什么？"我不知道在写这些话时他们是否意识到自己重温了圣依纳爵1524年的劝告！然而，圣依纳爵的层次更高一些，建议我们想象自己向一个陌生人而不是朋友建言，以便将距离拉得更大。

希思兄弟的书在另外一个方面让人回忆起圣依纳爵的《灵修》。在逻辑上，两本书的作者都聪明地解释说：痛苦的决定往往源于我们的优先选项之间的冲突，如果"追求我们的核心优先选项，就必须继续冒犯次要优先选项"。在决策方面，圣依纳爵告诉我们有三种类型的人，每一种人都有其独特的态度：

- 光说不练

这种人的心是好的,但他们很容易被一系列相对无关紧要的问题分散注意力。最终不做决定就是他们的决定。

- 什么都做,除了……

这种人的特点是:除了必要的事情,什么都做。这些人尽管很积极,但只做那些要求不太高的决定,而不是那些与他们真正的使命相一致的决定。

- 全心全意

圣依纳爵称这种人是真正自由的人。"他们的全部和最深切的愿望是做任何上帝的旨意要求他们做的事情,并且没有附加条件。"

最近,哈佛商学院的教授约瑟夫·巴达拉科(Joseph Badaracco)写了一篇文章,题为《如何应对最棘手的决定》。他在文章里解释说,为了提升我们的判断力,我们应该自问五个问题:[5]

- 所有选项的最终结果是什么?

这是一个我们需要自问的问题,但若有必要,应在值得信赖的顾问和专家的帮助下加以思考:每个选项会带来什么结果。我们也应保持开放的心态,并思考为什么每个选项都可能是最好的选择。

- 我的核心义务是什么？

这个问题是要求我们考虑自己对家人、朋友和同事等的主要责任。你需要弄清楚这些责任要求自己在任何具体情况下做什么。巴达拉科建议你远离舒适区，辨识自己的偏见和盲点，并发挥移情的作用，设想自己处于所有关键利益相关者，特别是那些最容易受到伤害的利益相关者的位置。

- 在真实世界里什么会奏效？

正如巴达拉科提醒我们的那样，"真实世界"的概念指向尼科洛·马基雅维利的《君主论》(*The Prince*)，它是佛罗伦萨文艺复兴时期的一部关键的作品。这本书明确地表明其目的是向统治者展示如何在现实世界而不是在理想世界里求生存。若将这种观念应用于决策领域，那就是要在现实世界中利用其所有难以改变的事实和粗糙的表面验证我们的想法，要知道完美的理论并不总能转化为完美的实践。

- 我们是谁？

这是一个关乎我们价值观的问题。在个人、公司，或任何其他群体层面，我们代表什么？可用选项会以何种方式符合或不符合这些价值观？

・我们能接受什么？

最后一个问题是我们最终选择的选项的可接受性。若是接受这种选择，我们会对未来的生活的选择有多满意呢？（此时，我们想起了苏茜·韦尔奇的"10-10-10法"。）

马基雅维利并不是我们对文艺复兴的唯一回忆。不夸张地说，我发现巴达拉科的一些问题几乎完全反映了圣依纳爵在5个世纪前所写的内容。

例如，在回答第一个问题时巴达拉科建议考虑最后结果，他补充道："所以，你该做的就是将你最初关于自己应该做什么的假设放置一边……并问自己该怎么办？"换句话说，客观地考虑所有可用的选项。这难道不是跟圣依纳爵的天平之喻很相似吗？圣依纳爵曾经建议我们要与第一选项保持一段距离，并"设法像一台不偏不倚的天平一样，不向任何一方倾斜"。

此外，在考虑回答第四个问题"我们是谁？"时，巴达拉科建议我们想象自己在书写自己历史的一句或一章。这不禁让人想起圣依纳爵让你想象自己处在生命的最后一天的想法。

至于第五个问题"我们能接受什么？"，巴达拉科的建议是"设想向亲密的朋友或导师解释你的决定"。我们再次想起圣依纳爵的建议，即想象我们自己在给另一个面临同样困境的人提供建议。圣依纳爵更进一步要求,将另一个人当成我们自己的一个投射,即另一个自我,而不仅仅是相对应的一个人,或者说一个用于试探意见的人。

从圣依纳爵的《灵修》到今天的自助手册,我们在一系列方法中一再发现的是距离和透视的概念。

然而,透视一直是一种错觉,即我们看到的就是实际存在的幻觉。简单来说,它会给人一种客观的错觉。不过,在决策中,透视可能不只是一种错觉,它可以发挥更大的作用,帮助我们在现实世界中做出更好的决策。

为了理解这一点,我们需要回到布鲁内莱斯基。艺术家重新发现线性透视背后的初始原因是想使用二维呈现现实,以便在现实世界中创建一个三维的纪念碑(一座建筑)。在这个例子中,错觉有助于设计、构建和完善真实的东西。

1435年,31岁的莱昂·巴蒂斯塔·阿尔伯蒂写了《论绘画》,并把它献给了时年58岁的布鲁内莱斯基。这是现代第一部绘画理论专著,在这本书中,阿尔伯蒂正式介绍了其重新发现的透视法。

首先,我们必须注意,阿尔伯蒂的尺度永远是自然,自然是神谕的完美表现。绘画或建筑的目的是完美呈现自然美。20多年后,他在另一部著作中对自然美进行了定义:"美是体内各部分的同感与协调,基于明确的数量、轮廓和位置。这就是拉丁语词concinnitas要表达的意思,即和谐——和谐是大自然绝对和基本的规则。"[6]当"无法

第四部分 决策思维

增减或改变,否则就更糟"时,就达到了完美与和谐。[7](这不禁让人想起格哈德·里希特在500多年后对其艺术的反思。)

同时,阿尔伯蒂也受到了普罗泰戈拉观点的影响,即"人是万物的尺度"。因此,完美如果存在于大自然,那么它本质上是主观的,取决于个人如何理解它,转而如何表现它。对阿尔伯蒂来说,人是透视法的"尺度"。

在实践中,这意味着什么呢?阿尔伯蒂写道:

"让我来告诉你我在画画时做什么。首先,我在要绘画的画布表面,画一个任意大小的矩形,把它看成是一个敞开的窗口,透过它可以看到我要绘制的主体。然后我会决定画中之人的大小。"[8]

现在,绘画透视可以被看成是决策透视的隐喻。因此,让我们来看看阿尔伯蒂的方法对我们理解决策思维的影响。

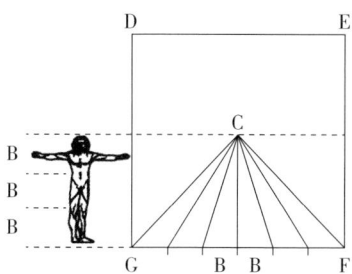

阿尔伯蒂的绘画透视法是从画区开始，以人像为起点，然后把人像的尺寸作为收敛线的基础，而画将在这些收敛线内合成。

通过窗口看

按照阿尔伯蒂的说法，第一步是画出一个矩形的轮廓，他将其称为"开窗"，透过它可以看到主体。

如果透视在决策中很重要，那么第一步需要为未来的决策设定框架，即我们正在考虑的界限是什么，决策将在什么范围内进行？我们、其他人或现实情况设定的限制因素有哪些？

设定框架的概念在艺术中非常重要，以至于直到今天，绝大多数的绘画都是矩形的。这使得它们很容易被框定。画布就是"框架"，被挂在木质框架上，有些框架本身就是艺术品。这似乎就是在提醒我们，划定空间与选择主体的决定同样重要。此外，用阿尔伯蒂的话来说，框架是一个"窗口"，其目的是将外部世界与绘画中发生的一切分开。框架是秘密地步入另一个世界的请柬——不是通过主门，而是通过一扇与我们齐高的窗户，使我们处于一个独特的参与位置。从某种程度上讲，每幅画都是一个视觉陷阱。

第四部分 决策思维

> **决策向导**
>
> 到框架形成的"窗口"中的消失点的透视线为有效决策提供了一个有用的类比。360度视野没有什么帮助。我们需要关注相关的内容。有些决策者想方设法地掌握背景图,但太过详细和全面的描述,反而会使人无法看清全局。最好有选择性地遵从自己的直觉判断。

借助透视的错觉,感觉好像从我们通过框架创造出来的窗口进入绘画的那一刻起,我们将看到整个场景。

如之前看到的那样,在做决定时,我们常常会觉得自己需要更多的信息,最好是全方位地了解情况。然而,这个类比表明情况正好相反:我们要为决定设定一个框架。这意味着关注主画面,而不包括外围信息,否则我们将失去焦点。这是因为阿尔伯蒂描述的消失点(vanishing point)需要框架的轮廓线才会存在。没有它们设置的限制,就不可能有中心点,也不会有焦点。

做决定不需要我们了解或关心有关某个具体情况的一切,相反,我们只需足够了解或足够关心就好。在阿尔伯蒂的模型中,画家以及与之类比的决策者要从这个最初考虑的问题开始整个过程:我的决策范围是什么？

有许多例子表明，由于纳入了太多的利益相关者和相互矛盾的观点，决策会变得难以达成，有时甚至成为不可能的事情。做决定意味着要框定我们应该关注之事的范围，而不必考虑不应关注的事情。

决策的范围还包括我们要给自己留出执行的时间。有时，时间选择是强加给我们的：有一个观察的最后期限。但是，当情况并非如此时，当界限变得模糊时，我们应该为自己设定一个时间框架，以便做出决定。如果不画出这样的轮廓线，我们就等于是在给自己发出一个没有时间限制的邀请，从而造成了拖延。同时，我们却忙着找借口，说自己忙碌不堪。就像艺术家一样，首先关心的应该是选择一个尺寸合适的画布。

追逐消失点

在阅读阿尔伯蒂的著作时，我惊讶地发现其第一章是从"点"（point）这个词的定义开始的。恰恰因为这是让人感觉没有必要和不言而喻的，所以就可能正好相反，而且会具有很高的象征意义。

"首先要知道的是，一个点就是一个符号，人们可能会说，符号是不可分割的。我称符号是存在于表面上的任何东西，因此，它是看得见的。最后一个条件的唯一例外是消失点，正是因为它的消失性暗指它不是在画布上肉眼可见的一个点，但有人认为，正是由于这种有着强烈寓意的缺失，它才显得更加真实。"[9]

回到我们与决策的类比，消失点是一个象征其他事物的很恰当的符号，代表了一种从本质上来说与我们不可分割的并且只能由它的缺失来定义的东西：原我。就像消失点一样，原我是无形的、不可分割的和不可定义的。对于荣格来说，它现在是一个谜，而且永远是一个谜。它充其量不过是接近整体人格的中心，而整体人格包括意识、无意识和自我。让我们记住单词individual（个体）的词源——"不能分割的"。

当我们想到肖像时，使用消失点作为原我象征的想法可能更容易被接受，因为消失点似乎指向了被画之人的心灵。然而，这种类比也适用于风景画甚至抽象画。消失点是所有元素汇聚的地方，通常体现着艺术家的心理状态。

明确的中心

阿尔伯蒂关于所谓"中心射线"的想法也让决策者深思。托勒密（Ptolemy）利用几何光学的说法将中心射线定义为"不折射的射线"。

以下是阿尔伯蒂关于这一点的论述：

"它无疑是所有射线中最强烈的且最有活力的。同样，一个量值永远不会出现比中心射线停留在其上时更大的情况。有关这条射线的力量和功能还有很多内容可写。但有一件事不得不说：各射线像一个集束，而该射线处在它们之中，得到了其他射线的支持，因此，它应该被正确地称为射线中的领袖或国王。"[10]

若应用于决策，这种光学概念提出的问题是：我们决策的哪些方面以围绕着中心的方式展开？我们是否对那些至关重要的考虑事项进行了强调，或允许次要的事项喧宾夺主，从而模糊我们的视野？

很多时候，中心射线会因为某些考虑而变得模糊不清，例如，与我们自己的议程相关的其他人的时间安排，我们行动产生的次要结果与主要利益之间的权衡，恐惧与勇气的斗争，等等。接着，阿尔伯蒂继续讨论布置，即哪些物体应该定位在哪里。因此，它是决策的结果。它降临在我们身上，让我们以同样的谨慎和专注构建或安排我们的想法。有些考虑因素需要排除在我们的视野之外；但是，在那些仍然"在范围之内"的想法中，我们应该对优先选择事项有一个清晰的认识。

> **决策向导**
>
> "中心射线"这个短语很有用,可以提醒我们视觉不扭曲的重要性。给予精确的科学定义并不重要,除非光沿着中心视线直接进入观者的眼睛,否则,它就是扭曲的。如此想象,你就会大致有个认识。沿着中心射线看,你需要拥有智慧和勇气去面对展现在自己面前的现实,不要有任何来自自己或他人的偏见。

增加光和色彩

任何曾经站在卡拉瓦乔(Caravaggio)[①]或其他明暗对照画法大师画作前的人都会在画家表现出来的巨大的反差中目睹光与影的力量。

在意大利语中,Caravaggio的字面意思是"明暗",似乎是通过两个词缩成一个词,形象地表示明和暗完全是一回事。

赫拉克利特曾经说过"白天和黑夜是一天",这种思想在艺术中

---

① 卡拉瓦乔即意大利画家米开朗基罗,其全名是米开朗基罗·梅里西·达·卡拉瓦乔(Michelangelo Merisi da Caravaggio)。——译者注

有其物质现实性：光线投射到物体上的角度和强度会形成一个具有相应形状和深度的阴影。

在探索光与影的不同用途以及它们会如何揭示物体或主体的不同方面时，阿尔伯蒂表达过这一思想。

同样，在我们的决策中，明暗分布的选择会影响我们看到的和没有看到的东西。因此，在决策之前，我们可能想要以"不同的角度"来观察场景。某些类型的明暗分布比其他类型的处理更有启发性，能够展现出正在处理之事最和谐、最有意义的画面。

画是一个二维表面，但在观画者看来，光让他们产生了错觉，他们看到的似乎是三维物体。光制造了立体感。若是换一个角度重新审视自己的选项，我们对自己的决策能力就会有更深刻的认识。

强度、方向或距离不同的光线会产生不同的阴影。这不禁让人想起心理学中使用的阴影意象，其主要使用者是卡尔·荣格。在荣格心理学中，阴影是"黑暗面"，是自我不接受或不认同的无意识人格。

荣格写道："每个人都有阴影，它在个人有意识的生活中表现出来的越少，就越黑、越浓重。"换句话说，拒绝看到真实的自己，本质上是有破坏性的，不但不利于我们的决策，还有损我们的总体幸福感。

无论是在绘画、摄影还是雕塑领域，所有伟大的艺术作品都是独特的光与影完美地相结合的杰作。通常，一个作品最重要的品质不是所用光线的强度，而是源自阴影的柔化和对比造成的微妙之处。

这同样适用于我们的最佳决策,当然也适用于我们最艰难的决策。我们的决策能否不仅仅使用意识的光,还与我们个性的阴暗面进行接触呢?目前的困难能否反映出我们阴影的一个具体方面?我们不接受的个性的部分会扭曲我们最重要的决策吗?

在颜色的使用方面,亚里士多德认为所有颜色都源于白色和黑色(还是光和影),阿尔伯蒂的观点则相反,他写道:

"我不希望受到那些比我更专业之人的反驳,他们受到了哲学家的影响,人云亦云,断言从本质上讲事物只有两种真正的颜色,即白色和黑色,其余的均来自二者的混合。作为画家,我对颜色有自己的看法,那就是颜色的混合产生了几乎无穷无尽的其他颜色,但对于画家来说,其实只有四种与元素数量相对应的真实的颜色,然后由此产生了很多种类。这四种颜色中有火的颜色,他们将其称为红色;空气的颜色,据说是蓝灰色;水的颜色是绿色;土地的颜色是灰白色。"[11]

在阿尔伯蒂看来,这四种原色与四种元素相对应。一旦与黑色和白色结合,它们将重现自然界中无限的颜色。

这个有关色彩的主题让人想起绘画和决策之间的两个相似之处。

第一个涉及我们的直觉。听起来不像,但当面对一个具有挑战性的决策时,我们可能会考虑暂时闭上眼睛,自问该决策会让人联想到什么颜色，或与之相关的各个选项是什么颜色。这种径直进入无意识的纯粹直觉有时可以揭示我们对于一个可能选项的真实感受。例如，如果决策让人想到的颜色是具有威胁性的暗灰色，我们就可以选择探索需要做什么才能在画布上增添一些更明亮、更鲜艳的颜色。虽然不是每个人都这样做，但据我的经验，这种方法特别有效。

绘画和决策之间的第二个相似之处与情绪有关，且没有离开色彩的主题。当你考虑一个悬而未决的决策时，会涉及哪些情绪？

在《伦理学》中，斯宾诺莎定义了四十八种不同类型的情绪，包括爱和恨、希望和恐惧、嫉妒和同情。这些几乎是三种基本情绪的所有表现，即：

· 欲望（cupiditas）或欲求（appetitus），被定义为"人的本质"。
· 快乐（Laetitia），被定义为"人从一种不太完美的状态向比较完美的状态的转变"。
· 悲伤（tristitia），被定义为"人从比较完美的状态向不太完美的状态的转变"。

在斯宾诺莎看来，任何能增进一个人行为能力的情绪都会让人变得更完美。在决策时，目标是完全相同的，即增进我们的行为能力，以达到更高的水平，从而让我们变得更完美。使我们的灵魂变得更完美的情绪就是快乐。

即使斯宾诺莎可以识别四十八种情绪"颜色",但根本上这些情绪源于仅仅三种基本情绪的组合,每次组合都有或多或少的光或影,以创建完整的多色系。

同样,我们应该质疑自己即将做出的决策,根据我们最真实的欲望及其可能激起的喜悦或悲伤的感觉,以及由此衍生的许多其他情绪来检验它们。这种情绪测试与大多数人评估其决策的理性方式大相径庭。

关于距离

决策需要我们运用透视,按照阿尔伯蒂的建议,我们现在已经明确了框架、消失点、光和色彩等的意义,它们都是我们理解这一概念的核心。然而,透视的主要问题必然是距离和比例的处理。

这便是文艺复兴初期的艺术家以及文艺复兴全盛期的后继者在作品上的最大区别,文艺复兴初期的艺术家有奇马布埃(Cimabue)、乌切洛(Uccello)和乔托(Giotto),全盛时期的艺术家则有达·芬奇、拉斐尔等。

在文艺复兴初期的艺术作品中,对透视的处理是试验性的和粗略的,几乎是用一种超自然的方式将似乎脱离其背景的人物拉长了。

相比之下，文艺复兴全盛时期的绘画采用了更为精确的透视。它们看起来现实感更强，同时保持强烈的神圣感和神秘感。达·芬奇就处在这两大艺术史篇章的转折点上。

由此而论，佛罗伦萨的乌菲齐美术馆展出的两幅画意义重大。第一幅是安德烈亚·韦罗基奥（Andrea Verrochio）的《基督受洗》（约1470—1475年）。第二幅是达·芬奇的《天使报喜》（约1472—1475年）。在开始画《基督受洗》时，韦罗基奥已经是一位非常成功的艺术家。虽然该画的大部分是由他创作的，但在16世纪出版的《画家传》（Lives of the Painters）中，乔尔乔·瓦萨里（Giorgio Vasari）称十几岁的达·芬奇是韦罗基奥工作坊的一个助理，其师傅请他在《基督受洗》的左侧画上天使。根据瓦萨里的说法，达·芬奇画的人物比他师傅的好很多，以至于韦罗基奥拒绝再画画，因为一位儿童美术师已经远远超过了他。

虽然评论家认为这个故事是虚构的，但这幅画左边的天使确实具有不同的品质，似乎表现出了其他人物所缺少的轻松和现实感。

第二幅画《天使报喜》被普遍认为是达·芬奇初期的主要作品，艺术史学家注意到了这幅画在透视使用方面有一些令人惊讶的错误。圣母玛利亚的阅书架的位置和形状显然有问题。此外，她的右臂似乎错位了。这导致某些批评家怀疑这幅画不是达·芬奇画的。然而，另一个较新的理论认为，这完全不是透视使用的错误，而是艺术家使用这种技术来表明自己对透视与众不同的理解和实践。这一观点的拥护者声称,从不同的角度看(即不直接面对绘画),这些"错误"开始变得有意义,并且与整体场景相协调。

这类似于文艺复兴时期其他艺术家使用的变形技术,最著名的例子当属汉斯·荷尔拜因(Hans Holbein)的《大使们》(*The Ambassadors*)。在画的底部,一个抽象且明显拉长的形象表明那是一个头盖骨。它让人们想到生命的有限性,当观众移步,从侧面观察这幅画时这种感觉更明显。

然而,达·芬奇的《天使报喜》和荷尔拜因的杰作之间的主要区别是:在《大使们》中,变形的使用无疑是有意的,因为移步侧面观察产生了一个真实的启示。

在达·芬奇的《天使报喜》中,这种有意变形表现得不那么明显,但我不禁注意到,观看者轻微的位置改变调和了画面所有元素之间的透视感。当你从右手边看这幅画时,会产生一种错觉:坐在观者面前的圣母是静止的和沉思的,而天使似乎是刚从天上飞下来的。

转而谈论艺术史似乎带我们远离了决策,但它确实促使我们通过观察认识到了一点:有见识的业余人士和真正的天才之间有时只有一线之隔。

若应用于我们探讨的主题,它也意味着在判断一个看似非典型的决策时,我们不应过于草率。这些异常值可能是我们最有独创性的见解的来源。

> **决策向导**
>
> 有时,熟练的决策者有充分的理由相信表面上似乎是错误的判断。在需要承担很大的风险,或者当决策似乎牺牲了个人最明显的利益时,可能就会发生这种情况。例如,若要允许其他人介入,并获取功劳,某人就可能不会尽其所能地完成任务。当利他主义在决策中发挥作用时,可能会导致令人惊讶的选择。

前面两个关于《基督受洗》和《天使报喜》的故事表明,在1470—1475年间,透视已完全成为艺术语言的一部分。从此,西方艺术中的距离、透视和现实主义之间出现了明显的联系。

阿尔伯蒂在其著作中用具有典型意义的常识写道:

"它确实发生在某些表面,观察者的眼睛越靠近它,看到的表面就越小;离得越远,看到的就越大。"[12]

远离某种情况会让我们在更大范围内更全面地鉴赏，因为眼睛的视野会更广阔。用摄影术语来讲，权衡取舍就是当物体离我们很远时，我们会失去"清晰度"。

透视让我们对距离产生错觉，同时保持了我们对物体的接近。用阿尔伯蒂的话说："如果画家遵循这个模式，就会产生错觉，认为视距要比现实中的长得多。"

我提出的决策类比引出了一个问题：在决策中，距离意味着什么？

只是说一说我们与决策之间的距离很容易，但更精确的表述才会有帮助。现在，既然我们已经确定一幅画的消失点可以扮演原我的角色，那么更精确的问题就出现了：我们是对原我和我们的决策之间的距离感兴趣，还是对自我和我们的决策之间的距离感兴趣？抑或二者兼而有之？

现在，让我们创建一块画布，并在其表面放置一个由自我、原我和决策组成的三角形。

纵轴的范围是从奇异性（底部）到普遍性（顶部）。这是因为决策过程总是从决策对象的奇异性开始。然后，我们会将我们的思想引导至那个对象。在此过程中，我们还将对象从奇异性提升至所有类似对象的普遍性。这种情况会一直发生，直到我们将它带回奇异性，决策就在那里开始付诸行动。

横轴是什么情况？它突出的是左侧的"内容"和右侧的"行动"。

内容指的是意向性的理念、本体（noumenal，是康德的术语，指与事物本身有关，而不是感官可知的现象）和概念等；而行动是它在现象世界的具体化。行动属于现实领域。

决策模型

决策在图形的右侧，因为这是它们导致行动的区域。

自我在最左边。因为在我们做决策之前，自我正忙着跟原我进行一场概念性的辩论。有一种内心的矛盾涉及自我和原我之间的对立或和解：做我想做的事，是因为它会让我看起来不错，还是因为我内心真正的愿望引导我这样做？

原我在中间，处在为透视理论的消失点保留的位置。

不仅自我和决策位于画布的不同侧，而且我认为它们之间的距离是不变的。唯一不同的距离是自我和原我之间的距离，以及相应的原我和决策之间的距离。

你可能会问，为什么原我和决策之间的距离是不变的？我们将从另一种艺术形式——戏剧的类比中找出答案。

让我们再次拜访我们最喜欢的拖延者——莎士比亚戏剧中的哈姆雷特。

第四部分 决策思维

全世界无数人声称在舞台上见过哈姆雷特。然而，事实上，没有人看见过他，甚至莎士比亚本人也没有。

你可能很幸运地看过本·威士肖（Ben Whishaw）、大卫·田纳特或帕帕·厄希度在舞台上扮演哈姆雷特，但你从未见过哈姆雷特。这种细微差别不仅体现在语义上，还对我们解决目前的问题大有裨益。

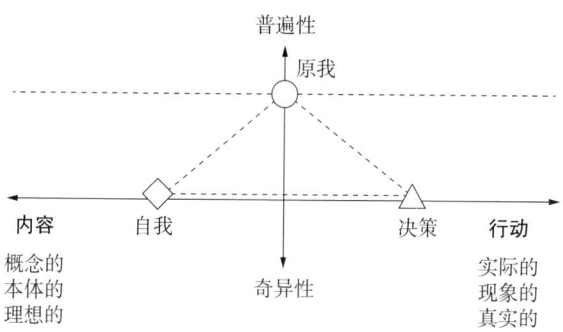

无论哪个演员在舞台上，扮演哈姆雷特的演员和哈姆雷特的决策之间的距离都保持不变。哈姆雷特的台词写在剧本中（忽略莎士比亚不同版本的剧本的一些变化），这些台词及其所反映的决策是不可改变的。若是一部戏剧中，哈姆雷特坚定地为他的父亲报仇，并在其父去世后立即除掉新国王，那这部戏剧就不能被称为《哈姆雷特》。

这就是演员和决策之间距离不变的原因。在我的类比中,演员代表我们的自我,指那部分戴着不同的面具吸引不同观众的我们。

自我从来不会真正地与一个决策做斗争:它参与了与原我的辩论。同样,它从不试图逃避决策,它逃避的是原我。

做决策总是在与原我斗争。理想情况下,这也是为原我而斗争。

如果演员对决策(或对一般的行动,它们都是决策的结果)没有影响,那么是什么让某些演员比其他演员演得更动人?

德尼·狄德罗(Denis Diderot)在18世纪回答了这个问题。在《关于戏剧演员的诡论》(*Le Paradoxedu Comédien*)一书中,该哲学家认为演员在舞台上时对自己的感觉越少,就能给观众带来越多的感觉。狄德罗希望看到演员和角色本质之间的巨大距离(按我们的类比说,即自我和原我之间相距很远)。

另一方面,我们发现当代"方法派表演"中有一个不同的思想流派。与狄德罗的观点相反,这种流派要求演员对角色完全感同身受。

然而,即使在方法派表演中,演员—决策或演员—脚本之间的距离仍然是不变的。人们可能会怀疑,方法派演员是否更可信、更有意义或更有启示性地表演了角色。我认为演员才能(即他们使角色更可信和更有意义的能力)之间的差异与他们使用哪种表演方法没有什么关系。如果该方法确实有影响,那也是针对演员如何扮演角色而言:以角色的原我出发(方法派),或以自我出发(狄德罗的理论)。

跟任何人一样，哈姆雷特的心灵也有两面，因此，这两种表演方式都同样可信和有意义。不过，他们确实给予了这个角色完全不同的诠释。

在描述了"自我－原我—决策"模型之后，现在让我们进一步探讨它对我们理解决策的影响。

我们已经确定自我和决策之间的距离是不变的。这意味着，如果是受自我驱使，每当我们设法想要达成一个决策，或进入一个决策的核心时，就都是在浪费时间。我们永远不会缩小这一差距。我们所能做的最好的事情是把决策沿着图表向右移，尽可能地远离概念性/理想化（即"可能是什么"），通向现实性（即"是什么"）。通过沿着水平方向走向原我，自我可在这个过程中发挥作用。而它要么以一种"谦逊"的方式做到这一点，即偏向原我，让自我消失；要么使之与原我保持一致，从而将其带到有利于实现决策的最佳位置。这也意味着，通过关注决策本身及其具体化，而不是"自我有什么好处"，我们将获得同样积极的结果。

这两种情况都是为了摆脱自我的保护。

在这个主题上，让我们回到《奥德赛》中尤利西斯的故事。在从特洛伊返回家乡的漫长旅途中，他面对的是巨人波吕斐摩斯（Polyphemus）。这个巨人一直忙于杀害尤利西斯身边的人，为的是吃掉他们，同时将他们当中最好的尤利西斯留到最后。当巨人问我们的英雄姓甚名谁时,尤利西斯沉着地答道:"无名小卒。"

后来,当波吕斐摩斯睡着时,尤利西斯用一根燃烧的木桩把他的眼弄瞎了。波吕斐摩斯呼喊着求救,其他巨人冲向他施救。这一幕让其他巨人惊骇不已,欲加报复,便问波吕斐摩斯是谁造成了他的失明,他回答说:"无名小卒。"于是,尤利西斯救了自己的命。

顺便说一句,当尤利西斯结束其漫长的冒险之旅,最终抵达位于伊萨卡的家时,只有他的狗阿戈斯(Argos)认得他。似乎以前包裹他的原我的外衣已经了无痕迹,同时他的内在的自我已经达到了神话般的英雄地位。

这两个故事都表明,即使对于荷马史诗《奥德赛》中的主角尤利西斯来说,个人的成功(在这种情况下是"生存")也会涉及自我否定的情节。我们的决定也是如此。

以一位要在两所大学中择其一的学生为例,这两所大学设有不同的专业:法律和天体物理。假设该学生对这两个专业同样感兴趣,无法在二者之间取舍。

如果他的决定是站在自我的角度考虑的,那么他可能会专注于考虑以下问题:

哪一所学校会让我得到更好的事业和社会地位?

哪一所学校会让我或我的家人感觉到更骄傲?

第四部分 决策思维

> **决策向导**
>
> 要与自己的决策保持距离,判断它们是否适合你,绝非易事。你需要了解自我的要求和原我的要求有什么不同。简单来说,自我的视角狭隘而短浅,而原我的视野宽阔而长远。这并不表示自我在本质上是错的:有时,在实际决策中,你需要专注于重点,忽略全局。然而,原我包含了决策的整个背景,要看看什么最有利于你的生活,即你的个人旅程。通过摆脱自我的保护,使其与原我保持一致,你就可以更明智地判断自己的决策。让原我向自我展示自己的智慧,让自我向原我展示自己的能力,从而缓解两者之间的对立关系。

直觉告诉我这些问题对目前的决定没有真正的帮助。

然而,如果他的选择是出于原我而不是自我,那么他可能会自问:

- 如果我选择法律或天体物理,那在做出决定的第二天会有什么感觉?
- 如果我设想自己处于未来,那么根据我的选择方向,哪个我更享受自己的职业,更有职业成就感?

- 这两个选项中哪一个对我内心的愿望更有吸引力?
- 如果想象60年后,我已经退休很久了,那么哪个决定可能带给我的快乐最多?

这种专注于原我的反思更有可能打破拖延的僵局。

或者,我们可以通过关注决策而不是自我或原我的影响来达到相同的结果。将决策向图表右侧移动会将自我拉向中间,使其与原我趋向一致。这种方法是以最实际的方式思考决策的,例如每个步骤都涉及决策的实现。

在《意志力》(*Willpower*)一书中,罗伊·鲍迈斯特(Roy Baumeister)和约翰·蒂尔尼(John Tierney)描述了一个实验,该实验旨在测试近端目标(短期目标)与远端目标(长期目标)的相对影响。他们写道:"事实证明,远端目标并不会比没有目标更好。只有近端目标才会带来学习的进步以及自信心和绩效的提升。"[13]

将决策分解为近端目标相当于将决策转向图的右侧,使之更具可操作性。

在阿尔伯蒂的透视模型中,观察者的视角至关重要。这使得在对决策进行类比时产生了一个问题:当考虑一项决策时,我们是从谁的角度看的?

正如我们所看到的,当我们认为自己在做决策时,很有可能在自欺欺人，其实我们可能正全神贯注于他人的观点和利益上。如果是这样的话，那么我们也许是在运用自由意志，但这个自由意志是他们的，而不是我们的。

在决策时，我们有责任成为唯一的观察者，并采取真正的中心立场。的确，我们不应忽视他人的意见，但它们的作用是为我们的决策提供参考，而不是操控决策。起点和终点都必须是"我们"。

这不仅与我们决策的方式有关，还关乎我们的意愿和思维方式。占据一个中心位置等同于占据我们的心灵。在此，我们把心灵比作一所房子，一个在我们的梦中经常出现的形象。我们经常听到"把房子当家"的说法。我们能让自己的心灵也成为家吗？我们能否让它成为一个我们可以立足、使我们的决策与我们最真实的需求相一致的地方？

法国哲学家加斯东·巴什拉（Gaston Bachelard）写道："所有真正有人居住的空间都体现着家之概念的精髓。"我们有能力"真正栖息"于这个空间，而不只是简单地居住于此。如果这些房子露出一条断裂带，即墙壁上的裂缝，对艰难的决策就会极有帮助：它们表明我们需要重新调整。它们也向我们展示了我们需要关注的内容。可作为家的房子完全可以免受打扰和风雨，也可在不被分割的情况下加以划分。在这个空间里，决策的基本内容被很好地阐明，并且不会有通过地板、墙壁或隔板泄露出去的风险。

最终，决策可检验我们的所居之处是否也是我们的应居之处。

我们是否觉得自己完全占据了这所被当成家的房子，或者我们是否需要进行一些必要的修补和维护呢？

还有一个问题，那就是关于"自我与原我的一致性"的概念很容易被人误解。这是因为从自我角度看，原我始终是一致的（两个不同的点总可以形成一条直线）。只有在观者、自我和原我之间进行三角测量，才会实现真正的透视。这是观者发挥至关重要的作用之处。

这需要观者能够脱离自我和原我，退居一旁——尽管只是暂时地、准时地。再次重申，正是这种回避和保持距离的习惯得以保护和提高你的决策能力。

决策向导

观察者和作为决策者的我们之间的类比表明了占据中心位置的重要性。在欣赏一件艺术品时，这一点似乎是显而易见的。不过，有的时候，我们会在决策时顾虑太多外部因素，思绪集中在别人优先考虑的事项上，却意识不到我们的优先事项同样重要，从而使我们自己的决策丧失了完整性。跳出自我，审视它在何处与原我相关，继而审视它与当前的决策在何处相关。这总是值得的。

奇怪的是,通过置身于远处,远离原我和自我,我们反而缩小了与两者之间的距离:占据一个位置本身就缩小了距离。在默认情况下,如果我们不置身于远处,那么此距离仍然是无限的。

观测悬崖的最好方法是走近悬崖。同样,思考决策深渊的最好方法是走到深渊的边缘,选取一个可以观察原我的位置,据此便可以更接近原我。

对于德国哲学家叔本华来说,这一移动是非常必要的。他认为人的痛苦源于其与意志的疏远。

当然,荣格的原我和叔本华的意志是两个不同的概念。叔本华的意志是原始的生命力,它先于任何表象。从根本上讲,我们都是"生存意志"这一共同精神的表达。叔本华所说的意志不是每个人天生就有的,而是先于个体和原我存在的东西。对我们而言,它是外在的,并通过大自然的每一个创造来呼吸。

这与原我不同,原我是我们每个个体的本质。然而,因为原我非常复杂,而且永远是一个谜,所以我们只能从远处观察它。同样,我们只能通过近似事物,通过试错的经历接近意志的真实意图。

决策需要某种形式的推测性肯定。由于我们对意志的解读是模糊的,对原我的理解是近似的,这就意味着我们的决策只能是以推测的方式来肯定某种东西在宇宙中的位置,以及它与其他实体的关系。

因此,决策必须为机遇留出余地,即为随机性留出余地。我们比较一下东西方的观点,西方人认为随机出现的东西是不确定的,并因此感到不安;与此相反,东方人认为接受生命中的意外事件是一种最纯粹的道德行为,比如佛教和道教中便有这种理念。这种哲学思想是叔本华的一个重要的灵感源泉。

接受生活中的这部分随机性并不等于要忍受混乱;相反,它表示要接受更高层次的原则,无论我们称这个原则为原我、意志、天性还是上帝。

回顾斯宾诺莎的理论,决策如果是有利的,就会和我们联手,带来快乐。如果它们是不利的,就会夺走我们的一些东西,带来悲伤。这个原则背后的蓝图是我们的内在需要,因为对我们有利的、能带给我们快乐的和能提升我们的就是我们的灵魂所需要的。因此,这种内在需要也是我们决策的决定性因素。

在此次旅程的这个阶段,我们再次偏离了决策属于事实和逻辑领域的标准观点。毕竟,即便是笛卡尔也承认:如果某件事是理性的,未必意味着它就是真实的!该探索迄今为止得到的结论是:决策在本质上是一种相互作用,但不是事实和逻辑之间的相互作用,而是随机性和必然性之间的相互作用。

这种相互作用产生了一系列单项决策,这些决策是随机分布的,却通过"需要"这条线连接在了一起。即使处于随机状态,这条线也会存在。我们在夜空中可以看到这一点:在识别出某种模式后,我们为随机分布的星群进行了命名，如宝瓶座、飞马座、大熊座等。正如我们的星座比其中任何一颗星星都重要一样，我们决策之间的线比我们做出的任何一个决策更重要。

> **决策向导**
>
> 也许我们可以放心地认为我们是自己决策的主人，而且可以在任何时候运用自己的自由意志。然而，每个决策都涉及一部分猜测，这反映了生活的随机性。此外，我们的选择也会受内在需要的引导。在这种非传统的决策观中，我们寻求的关键才能不是绝对严谨和纯粹逻辑的应用。相反，它需要的是游弋不同空间，围绕随机性和能够激励我们前进的内在驱动力来建构的灵活性。

第十一章　决策之间的线

> 未来有几个名字。对于软弱的人来说,未来叫作不可能;对于胆小的人来说,未来叫作未知;对于深思熟虑且有勇气的人来说,未来叫作理想。
>
> ——维克多·雨果,《行与言》(1875年)

有关阿里阿德涅(Ariadne)的神话众所周知。克里特(Crete)国王弥诺斯(Minos)征服雅典后,强迫被征服者定期送给他七对青年男女,以喂养牛头人身怪物弥诺陶洛斯(Minotaur)。有一年,雅典国王爱琴斯(Aegeus)的儿子忒修斯(Theseus)自愿成为七男之一,决意要杀死弥诺陶洛斯。登上克里特岛后,忒修斯引起了弥诺斯国王的女儿阿里阿德涅的注意,她立刻爱上了他。然后,她背着父亲帮助忒修斯，送给他一把剑和一个线球，这个线球可以在他穿越弥诺陶洛斯的巢穴迷宫时，为其指引逃生路线。

值得注意的是，阿里阿德涅提供的线球最初有其他用途，即帮助船只通过狭窄的通道。

在神话中，线有两个特殊的功能：通过狭窄的通道，并提供"实时"定位（阿里阿德涅抓住线的一端，忒修斯抓住另一端，线的运动即可向她表明他还活着，另外，还可以指向他的确切位置）。

现在，如果以此类比，那么似乎帮助我们做出艰难决定（即通过狭窄的通道）的东西也可表明我们置身何处。

决策的线就是我们自己的全球定位系统（GPS）。

目前，在我的家乡伦敦，很多出租车司机都会依靠一个叫"位智"（Waze）的全球定位系统，并声称它比其他应用软件更精确。其中的主要原因是什么？根据他们的说法，位智依靠私人司机和专业司机等人的实时输入，并适时更新将你从A地载到B地的最快路线的建议。因此，如果你选择最短路线，但发现它堵塞了，那么可以通知中心软件，该软件就会提醒所有用户现在较长的一条路是耗时最短的。

线比单项决策更重要。单项决策只会让人觉得线更加可靠。用18世纪的诗人亚历山大·蒲柏（Alexander Pope）的话说："人不应羞于承认自己错了，换句话说，勇于认错等于是说他们今天比昨天更聪明。"

回到关于弥诺陶洛斯的神话中，如今，逻辑学特别是人工智能中都在使用"阿里阿德涅的线"一词。它指的是我们跟踪错误路径的方法，如此，当再次面对类似的选择时，我们就有勇气选择另一个选项。在应用逻辑学领域，"阿里阿德涅的线"近乎等于"试错"的概念。

如果没有错误的决策，我们就可以得出结论：所有决策都是同样有用的，因为它们会影响我们对线的理解，从而强化它。

我们甚至可以争辩说：不确定的决策可能比更"成功"的决策更有用，因为它们更有可能使我们产生质疑；而成功的决策有时可能被认为是"正确的"，尽管形成它们的因素是我们无法控制的。

用爵士音乐家迈尔斯·戴维斯（Miles Davis）的话说："不是你演奏的音符是错误的音符，而是你后来演奏的音符使之正确或错误。"

让我们将话题从爵士乐转向体育运动。我的一位客户一直崇拜网球冠军罗杰·费德勒（Roger Federer）。最近，在谈及费德勒时，他说道："在许多方面，你可以说费德勒是一个失败者。只是因为他输的比赛比他赢的多！"最重要的不是我们是否失败，而是我们如何重新振作。费德勒如果没有输过比赛，并且无法从每一次经历中吸取教训，根本就不会成为冠军。其他冠军也是如此。

因此，作为决策者，我们不应视我们的生活为一个二元序列的结果（有些是积极的，有些是消极的）。这不可避免地会伴随着对每一种结果的道德判断。

吉尔·德勒兹（Gilles Deleuze）在其关于斯宾诺莎的文章中写道："生存是一个测试。但它是物理或化学测试，是与判断相反的一个实验。"[1]他的意思是说：我们生存的最终目标不是以我们行动的结果来衡量的，而是以我们行动的影响来衡量的。这无关乎任何对成与败的判断。它几乎就是我们的思想和行动对我们自己及他人产生的一种化学效应：它们会联手创造出一个更大的整体，从而振奋我们的精神，并带来欢乐，还是破坏内部或外部的联系，让我们成为外部环境的奴隶？

此外，在追求卓越的生活时，我们是否全身心地投入，并付出了应有的努力？在这种情况下，试错并非意味着我们要么成功，要么失败。我们从失败中获得更加清晰的认识，即使失误也能让我们进步。毕竟，费德勒既是世界冠军，也是一位失败者！

用尼采的话说，这整个过程必然超越了善恶，也超越了判断。它类似于梦的研究。任何精神分析家都不愿评论一个梦的对错，甚至好坏。所有的梦都是有用的，因为它们揭示或证实了我们心灵的某个方面；对于不存在于意识世界的生活来说，它们也是一种补偿。（顺便说一下，这让我想起了超现实主义艺术家创造"无意识艺术"的使命。）

梦想和超现实主义艺术都是我们用作补偿室的媒介，以向我们自己展示一些有关原我的东西。它们提供了一种原我的相似物。即使原我注定仍是一个谜,但通过它们,我们可以更接近原我。

我们的决策也有同样的效果。阿尔贝·加缪写道:"生活是我们所有选择的总和。"或者这样说:"生活是我们选择的绝对值的总和。"这话尽管不那么有吸引力,但更确切。在日常生活中,我们以相对值计算,同一个值的增减之和为零。绝对值则不同,在计算中负数被当成正数。因此,A和-A的和不是零,而是2A。现在到了开始把决策当成绝对值计算的时候了。

决策向导

如果放弃决策非对即错或非积极即消极的观念(即使是暂时的),我们就打开了一扇通向新生活方式的窗口。此时,我们对待决策结果的态度是中立的,重要的是它们对我们的影响。有时,看起来"错误"的结果(如考试不及格)可能会引导我们朝着真正适合自己的方向前进。即使最接近的结果被视为消极的,但最终效果也可能是理想的。决策也是如此。最重要的是它们之间的线,它们是如何相互连接的,以及每个决策是如何建立在我们迄今为止获得的经验基础之上的。

第四部分 决策思维

第十二章 随意志流而动

如果接受生活是我们所做决策的绝对值而非相对值的总和,拖延就不应该有存在的余地。这是因为每一项决策要么会立即产生积极的结果,要么会导致一个我们认为也许是消极的结果,但是后者会让我们意识到决策中存在的缺陷。通常,后一种结果也会带来或指向它自己的补救方法。

作为线的一部分,决策揭示了我们与线存在距离,或与线"并肩而行"的事实。而这二者同样有用。

你可以决定去做任何你决心想做的事,得到你决心想得到的东西,或成为你决心想成为的人。没有什么能保证你会成功,也没有什么能保证你的愿望会实现;但这意味着,随着时间的推移,你做出的决定将更加适应你真正的原我。如果你偶尔会失败,那么这表明你已经走出了自己的舒适区,而这正是你应该探索的领域。愉悦地接受"未做到"(而不是"失败")很可能是你志向高远,并发现自己走在正确道路上的标志。

在这种情况下,拖延等同于对时间的否定。拖延是有其假设的:我如果今天不在选项A和B之间做出选择,那么明天还能在相同的选项之间进行选择,如下图所示:

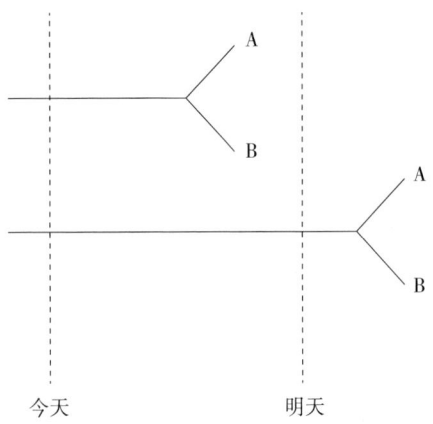

第一部分已经探讨过这一假设,现在需要重新加以审视:

我从未面临过只有选项A和B的选择,因为总是会存在一个选项C,即"现在不选择"。因此,如果我不选择A或B,其实就是有意或无意地已经选择了C。明天,选项A和B将不复存在。我可能会生活在这些选项仍然可用的错觉中,但由于"导致特定结果的A"背后的条

第四部分 决策思维

件发生了变化,所以可能的结果也会改变。因此,选项A和B将成为选项D和E,等到明天,摆在我面前的选项将是完全不同的(即使命题听上去相似)。我们甚至可以争辩说选项C(拖延)也将消失,并且由于明天的情境不同,"拖延"现在应被称为选项F。

让我们举例说明。想象一下,你受邀参加朋友在3个月后举行的生日聚会,而就在同一天,在该国的另一个地方,也有人期望你能参加一个重要的家庭聚会。你感觉分身乏术,所以便拖延时间,等待1个月后再回复其中一个邀请。

尽管你要在四周后再选择,但可能会觉得选项A和选项B之间的选择仍然是相同的选择。然而,有些事情将会发生改变。你没有主动回复会影响人们对你的回复的反应(不管你是否接受邀请),并且很可能影响你当天的感受和态度。选项A和B已成为选项D和E。

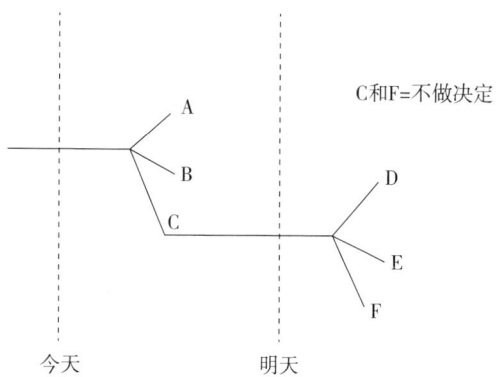

这突出了在决策时我们随意志流而动的重要性。

在过去的20年里,我注意到我的成功的客户往往是那些全程参与决策和活动的人,而且决策和活动形成的意志流是持续不断的。在他们的世界里,一件事总会导致另一件事。这不会对他们的生活造成任何的压力,反而是一种很有条理、高效和自然的生活方式。不只是在工作中如此,他们的假期似乎也会完美地实现其预期的身心放松的目标。这也是他们尽心尽力要实现的!

这一观察所得不只适用于公司的首席执行官。弗里德里希·尼采就是一位全面随意志流而动的坚定信徒。在他之前,叔本华对此持怀疑态度。他强烈怀疑我们能否持续地随意志流而动;他怀疑如果遵从意志流,我们可能很快就会失去兴趣,因为意志流要求我们不断地追逐新的目标。正如他写过的:"人生就像钟摆一样在痛苦与无聊之间摇摆。"

但是,让我们不要以这种观点听起来如可预见的悲观为借口而对其置之不理。

正如我们在前面看到的那样,在叔本华看来,意志不是源于内部,而是一种外力。因此,从我们内心寻求意志是一个注定要失败的追求。我永远无法从我的内心识别出自己真正想要的东西。

叔本华也表达过这样的观点:真理始终是判断与该判断之外的

事物之间的一种关系；由此，"本质真实"的概念存在根本性的矛盾。

因此，叔本华赋予了人类智慧以卓越的角色，把它当成我们服务于意志所产生的倾向的一部分。对叔本华而言，智慧主要是一种雷达，能够识别出意志可能出现的位置，以便跟踪它前进的方向。

再打个比方，如果叔本华所指的意志像一条沿着山谷倾泻而下的水流，那么急流会扑向我们，迫使我们随水流而动，把象征我们决断力的急速漂流筏抛向它，并评估我们必须随之而动的速度。

这让人想起吉尔·德勒兹对斯宾诺莎的评论。"有人通过快慢变化在事情之间转换，或与其他事情保持联系。有人从不开始；有人从来不是一张白纸；有人会切入，进入中间；有人会加快节奏或放慢节奏。"[1]

我们的智慧需要与意志相结合，而叔本华却怀疑我们是否有能力坚持，如何让叔本华与我们之间的这种明显的矛盾想法趋于一致呢？

我们再次在斯宾诺莎的著作中找到了答案，因为他对叔本华的影响很大。斯宾诺莎认为意志不止一种，而是有许多种。"大脑中没有绝对积极或消极的有关意志的能力，只有特定的意志，如肯定这个或那个，否定这个或那个。"[2]

换句话说，只要我们对服务于由意志产生的倾向的机会保持警惕，并且每次都通过单独的个人意志让自己参与进去，即使不能长期与意志相结合也不重要。我们需要的是永久的警觉，而不是永久的参与。

这就引出了另一个悖论。一方面,我们已经确定单项决策不是我们的目的,线比单项决策更重要。任何决策本身都不是目的,因为每个决策始终都是部分判断、部分外在的东西。

另一方面,决策本身是最终的目的,因为它们具有内部逻辑。一个不能通过行动达成目标的决策几乎是不值得做的。因此,我们不仅有责任做决策,而且有责任使它们合乎逻辑。这让我想起了《父执伦理》(The Ethics of the Fathers)中的一句话:"你没有义务完成这项工作,但也没有放弃它的自由。"[3]

决策本身不是目的,但对它们自己而言却是最终目的。我们从这种悖论所固有的矛盾关系中能得出什么?

我认为上述问题的答案在于我们作为人类的独特作用。我们的职责是管理"决策的目的是什么"与"对我们而言决策是什么"之间的矛盾关系。

我们决策的线揭示了我们与意志的联系(或缺乏联系)的程度和频率。意志是纯粹的本质:它不是有形的存在。尽管如此,我们的决策还是揭示了意志的行踪,就像刑警在物体表面刷磁粉让指纹显形一样。

我们的决策揭示了意志的行踪。这可不只是因为我们能够以某种方式离它非常近,还因为我们与它保持距离,而后者的影响甚至会更大。线既是我们与意志联系的手段,也是我们与意志联系的印记。

这还是留下了一个问题,即当我们被困住时,应该如何设法与意志流抗争——要么在河岸上一再拖延,要么双脚深深地陷入泥中。

在面对最困难的决策时,我们可能会遇到这种情况。本书所述的内容尚未给我们提供切实可行的答案。

这些具有挑战性的决策会被视为"血栓"。它们有能力堵塞决断力的动脉:我们既无法与意志流抗争,还有可能使它堵塞。

此类挑战虽然非常艰巨,但也大有裨益。它们会给你机会,如果及早发现,你就可以消灾避祸。这些情况造成的"堵塞"确实是一个未解答的问题:决策背后是什么在起决定作用?

如果像斯宾诺莎一样,我们接受的意志不止一种,而是有几种,那么这些意志很可能偶尔会相交。在这些关头,一个待决决策很可能会被另一个待决决策所阻,在做出这一隐性且基本的决策之前,另一个决策就不可能被做出。

在这种情况下,我们会有哪些选项呢?第一个也是最明显的选项是与决策脱钩。换句话说,解开一个决策的结依赖于另一个决策的结。

举一个简单的例子,当我们决定不了去哪里度假,同时无法决定何时去才能尽可能地减少对工作或其他职责的干扰时,便会发生这种情况。它导致了这种现状,最终结果是没有假期!唯一的解决方案是分别处理每个决策,从优先级较高的决策开始考虑。

如果我们失败了会怎样呢？如果我们尽了最大努力，这两个决定依然纠结在一起而无法被分开呢？这时我们必须认识到，一条线或两条线（每条线都带着两个未解决的决策之一）也许已到尾端。换言之，我们可能不得不承认现在到了以不同的方式思考的时候了，即完全着眼于别的事情上，走向另一个方向。也许这就是一种野心、一个愿景、一条道路的终结。这与承认失败大相径庭。我们只有真正地尽了最大努力去解决非常纠结的两条道路之间的冲突，才能做到这一点。有时，由于我们对他人负有基本责任，所以甚至不可能解开这个结。但是，我们至少要探索这种可能性。

> **决策向导**
>
> 我们的决策形成了一条线，这条线比任何单项决策都重要。我们需要以足够的动量与该线互动，否则就可能会陷入犹豫不决的危险。这并非意味着我们需要不断地做出决定，而是表明我们需要对做决定的机会保持警觉。我们即使被困住了，也会有选择。我们可能试图多线并进，然而产生了冲突，而通过至少放弃一条线便可以很好地解决这个问题。这种认识可能会促使我们走上一条更积极的新道路。

第四部分 决策思维

第十三章 我们的故事

> 构成我们的材料也就是构成梦幻的材料,我们短暂的一生,前后都环绕在沉睡之中。
>
> ——威廉·莎士比亚,《暴风雨》第四幕第一场

我们认为决断力是多线并进的,这些线偶尔会相交,甚至会同时终结。[它有点像是一块布,即刚才引用的莎剧中普罗斯佩罗(Prospero)所说的"材料"。]

我们的决断力之线的编织物类似于我们的梦,因为它与原我近似。就像我们的梦会被提升至意识层面一样,只有当我们让无意识说话时,原我才会为我们所见。

作为真正的决断力考古学家,让我们对这些"材料"进行一下测

试，就从相当于放射性碳定年法的词源学开始。

"材料"的词根是希腊语的"stuphein"，意思是"聚在一起"；在古法语中，"estoffer"的意思是"提供必要品"。

词源学表明我们制作的东西是汇聚某些线的结果，但这种汇聚是基于我们内在的需要，而非依据外部强加的计划。

这让人想起斯宾诺莎，他的见解是：事情不是非对即错、非好即坏的，而是取决于它们如何服从我们的需要。因此，如果我们要同时编织代表我们生活意义的线，就需要学会如何分辨自己的需要。我们倾向于将代表我们决断力的线（长长的决策线）视为我们时不时要表现的不同性格特征，并将其中的单项决策视为"与性格相符"或"与性格不符"。

如果决策不符合我们的性格，离线很远，那么问题就变成了：它附着的是其他哪条线？或者这仅仅是一种反常现象，根本不属于决断力的线？

举个例子，当发现配偶有外遇，尤其是发生得完全出乎意料，并且似乎与其性格完全不符时，人们会有何反应。很多人将婚外情视为不忠的终极信号，并立即开始闹分居甚至离婚。因此，一般的假设是，我们知道的伴侣的性格总是虚假的，而伴侣现在露出了真面目，即有严重缺陷且是不可信的。对于心理治疗师埃丝特·佩莱尔（Esther Perel）来说，情况总是比较复杂的。她虽然绝非纵容婚外情，但也承认，如果双方首先用心了解导致这种情况发生的原因，那么有些婚外情不一定会导致分手，而有可能会"言归于好"。这如果确实是一种反常现象，而非深层的性格特征造成的，那么甚至可以帮助一对夫妇解决其根深蒂固的问题。

让我们简要地回顾一下与演员的类比。他们可能会饰演多种角色，可能需要这样做才能成为优秀的演员。然而，我们从他们那里记住的很少只是一个角色，或者说是他们表演的多个角色和多元化。我们往往记住的是他们给自己的艺术表演以及所扮演的所有角色带来的某种独特的精神。同样，我们可以在某位特定画家的所有作品中识别出他特有的才华，它可能是肖像画、风景画，甚至是抽象画，而不仅仅是自画像。

当我们编织代表我们的决断力的线时会发生什么？这里指我们所有人，也就是说不仅仅是演员或画家。通过编织这些线，实际上应该出现的是一种模式，或者说得更高大上些，是一种新的信仰和意识形式。

因此，决断力练习也是一种关于"自信"的练习。这让我想起了古代智者的深奥难懂的占卜术：仔细观察水晶球或一些其他现象，以预示未来。仔细观察和解读那些自显的模式是我们迈出的相信我们的生活会有意义且有目的的第一步。

与占卜类似，决断力主要是一种关于原我发现和原我辨识的练习。我们决不能将对原我的武断观点强加于自己。想一想在古代美索不达米亚的叙事诗中，吉尔伽美什（Gilgamesh）在其朋友恩奇都（Enkidu）去世后收到的警告："你将永远找不到你所寻求的生活。"原我是用来解读的，而不是被发明出来的。否则，我们将在自我的主题上结束于另一种角色、另一种面具和另一种变体。

此时，从宗教中可以得出一个发人深省的类比（"宗教"一词意指"汇集在一起"，源自拉丁语的religere一词）。在东正教的教堂里，圣障是一面圣像墙，即以绘画的形式将信仰故事中讲述的所有圣人画在一起。它也是教堂中殿和避难所之间分隔的标志。这让人想起了耶路撒冷的圣殿，那里是存放约柜的至圣所。那个最神圣的区域只有大祭司才能进入，人们用一道帷幔将它与教堂的其余部分分开，并把这道帷幔称为"圣殿的帷幔"。

现在，一个无形的帷幔将我们个性的已知部分与最神秘的部分分隔开来。这是自我与原我、意识与无意识、被接受的与被抑制的、光与影之间的帷幔。

在东正教教堂中，圣像墙将圣殿与最神圣之地分开，但在其反面则是绘制每个人物的面板或画布，从中可以看到纤维或线的厚实纹理。类似地，代表我们决策的织物也创造了一堵防止接近原我的墙，每一次编织都是为我们要体现的性格服务，但与此同时，它又允许我们进入这个内心圣殿的大门。

至于原我，我们要应对的是本质或概念，而非一个能触摸的、可感知的现实。它尽管是一个永恒的谜，但存在于我们对自己的心灵、灵魂和现实的理解之中，并且影响很大。

戈尔达·迈耶（Golda Meier）对这个问题有着极好的反思，"相信自己：创造一个你一生乐于与之相伴的原我。尽自己最大的力量，将微小的可能性的内在火花扇旺，燃起成就之火"。

在这里，迈耶描述了一个很现实的目标。她暗示，我们所能追求的最好的目标不是原我，而只是"原我"的一种。这是对原我的类比或近似，我们在此探索中的灵感不是来自理想的和概念的世界，而是来自可以知觉的世界，即那些可能性的火花。

但如何将这些火花转化成"成就之火"，尚有待观察。

火花的问题在于它们是短暂的。在这方面，它们会让人想起星星。看到星星的行为是实时发生的，但我们看到的任何星星都离我们数百万光年远，所以，当一颗星星的光为我们所见时，它很有可能早已消亡。

同样，当我们观察到可能性的火花时，它们可能已经消失了。但是，比那些单个的火花更重要的是它们背后的统一的原则，它把我们带回到材料、织物以及它编织成的线上。

我们应该去哪里寻找这些火花？"你一生乐于与之相伴的那种原我"会住在哪里？德勒兹在其关于斯宾诺莎的评论中再次为我们

指明了正确的方向:

"一个人只要有能力安排自己的社交,加入符合其本性的活动,与能和谐相处的人交往,从而提高自己的能力,那他就是优秀的(或自由的、理性的、强大的)。因为保持优秀的状态关乎活力、能力以及能力组合的问题。"[1]

在我们安排的所有与他人的交往中,我们要跟"和(我们的)本性相符之人"交往,最重要的是与我们自己相遇。然而,我们都知道那些"与(他们自己的)本性不符"的人。我们如何确保自己在这次相遇中取得成功,并充满活力和力量地做到这一点呢?

我对这个问题的回答是:既然原我是一个永恒的谜,那么我们一定会只以"一种原我"为目标,而不是原我。这不仅仅是一厢情愿的想法。相反,它会依靠我们最好的自我意识和自知之明来创造一个似乎合理的可行的假设,这是一个关于我们是谁的蓝图。我们也应该听从荣格的建议,从信仰原我的想法转向赞成原我的经验,至少暂时如此。

我们现在已经在这个关于原我体验的新领域扎下了营地。在深入探讨这个概念的考古学或词源学时,我们能找到什么线索来帮助自己更好地理解自己的故事呢?

experience(经历)这个词来自拉丁语的ex-perior,本身源于希腊语单词peirao,意思是"尝试,企图"。因此,我们的经历就是我们从尝试或企图做什么事情中得到的。在单词empirical(经验的、实证的)中我们找到了同样的希腊语词根peirao。

因此,我们的原我经历必须依靠我们想要做的事情,以得出关于原我本质的经验证据。经验是自我的,从远处绕着原我旋转,并通过这种运动变得越来越近。它近似于原我,而不是分析原我,因为从字面上来看,分析是将某物分解成更小的部分,这种运用是自然注定的。

因此,原我的经历本质上是关于尝试而不是成功的。peirao的概念不暗示任何经历的结果。倘若每次经历都会影响到下一个经历,那结果几乎就像是完全中立的一样。

这不禁会让人想到为病人听诊的医生的形象。听诊(auscultating)的字面意思是"倾听、关注"。这是纯粹的经历。医生掌握的科学知识会告诉他如何听诊,以及按哪里;病人有反应或没有反应则提示他下一步该听什么。在这些过程中,医生多年的经验会帮助他基于这种关注的质量得出一个明确的诊断结果。

当我们试图获得自己的原我经历时,我们的目标就是原我诊断。

运用词源法,我们观察到diagnosis(诊断)这个词由两个希腊语词根组成:"dia"意为"相距","gnosis"意为"知道,辨识"。

由此,我们得出这样一种观念:如果想要"创造一个你一生乐于与之相伴的原我",我们必须遵循的方法就是诊断。它不是从原我的一个宏大的愿景开始的,而是关乎不断地探索和不断地尝试。这是关于获取离散知识的时刻,辨别彼此分离的事物,而当我们这样做时,每次都是经历失败、学习和更进一步的尝试。

当然,这并不意味着我们应该去尝试完全随机的东西,否则我们的人生可能就成了在赌场玩轮盘赌。让我们记住叔本华的观点:即使在有机会的地方,真理也总是外部的东西和人类判断的结合。

经历即尝试的行为。它不是坚守一种关于命运和随机性的新信仰,而是一种随机性影响知识,从而影响判断的行为。经历是我们向世界敞开的窗户,我们允许随机的火花进入,以辨别它们之间的统一秩序。经历就是我们试图在一块精心描绘的画布内将局部的混乱变成局部的秩序。这也是我们自由生活在这个世界上的目的所在,即创造我们自己的生命意义。

别的选择是什么?经历的对立面可用"停滞"来描述。这是一段无所作为的时期,任何尝试都没有发生。

荣格提醒我们有一条叫忘川(Lethe)的河流,它流经死者的住所,即冥界。在lethargy(死气沉沉)这个词中仍可见这条河的名字的身影。但忘川也是条遗忘之河。它使旅行者忘记了过去,也让我们忘记了自己。最终,它使我们对别人和自己都不可见。

正确的道路是经历之路。它不是忘记自己的路,正相反,它要我们记住自己,或者更确切地说,记住我们的原我。这是一条通往深刻地理解我们到底是谁的道路。

这种经历会得出什么结果？从本质上讲，它是一种感觉，是对原我的直觉。从词源和字面上讲，有一个词的意思是表达一种感觉的行动（action of pressing out a feeling），这个词就是expression（表达）。

我们讨论的经历若能转化成表达，那就是值得的。换句话说，经历要么被表达出来，要么什么都不是。

我们的故事既是这些表达时刻的累加和综合，也是我们决策的累加。因此，我们的故事也是我们的生活。

举个比较平常的例子，记得几年前，一位和我一起遛狗的人邀请我参加由她的教练组举办的以"寻找快乐"为主题的讲座。那天正好是周日下午，天空下着雨，我也无事可做，决定去试听一下。我感觉总能偶尔发现少许他们保证观众能得到的东西吧，可是没有。但我确实发现对于"寻找你的人生目标"的关注会让人很不舒服。今天，我更加强烈地感觉这种关于"目的"的见解相当天真和不现实。这个词有过于拔高之嫌，同时又有限制性。其拔高之处在于它假设我们都像耶稣、摩西、佛陀或穆罕默德以及其他虔诚或圣洁之人一样，天生肩负着一个神赐的目的。其限制性在于它否定了人类可以展现多面性的机会。

> **决策向导**
>
> 了解我们过去选择之间的线有助于我们评估每个新的决策,以及它会如何反映我们的性格。这个过程是动态的,因为每个新的决策也会影响关于我们想要成为什么人的蓝图。它帮助我们借助决策这个媒介提升自己。只有经历了才能确认每次决策和每个决策是否偏离了正确的道路。我们表达从这些经历中学到的知识的能力正是赋予我们的生命以意义的东西。

我赞成寻求意义,而不是这种具有误导性的寻求目的。我们个人的故事、我们决策的总和及其使我们的生活有意义的表达,只不过是为意义服务的语言而已。

第四部分 决策思维

第十四章　注意你的措辞

一个很有意义的问题是上帝在伊甸园里问亚当的那个问题："你在哪里？"现在让我们将《圣经》中的这些词与《哈姆雷特》开头的那些词放在一起，那句话就是哨兵巴纳多（Barnardo）的开场白："谁在那里？"

我们可以把这个问题的两个版本与第三个版本联系起来，第三个版本出现在21世纪的动画电影《失常》（Anomalisa）中。在这部影片中，主角是一位运气不佳的励志演说家，面临着妻子提出的一个令人不安的问题："你是谁？"

你在哪里？你是谁？谁在那里？相同信息的三种表达摆在一起，呈现出了空间概念、身份和语言之间的线性关系。

借助语言，我们所处的空间（你在哪里）也是我们的身份（你是谁）。此外，第三个问题（谁在那里）可解读为其他两个问题的组合，它的意思是"当你在哪里的时候你是谁"。这三个问题其实是一回事。

这意味着语言创造了一个可以体现我们是什么样的人的空间。

语言不仅仅是一种交流工具。正如海德格尔所解释的那样，当亚里士多德写到"人类是一种具有语言天赋的动物"时，他想表达的不太可能仅仅是人会说话，而其他动物却不能。亚里士多德的话强调的是人只有借助运用语言的能力才能成为人。人在这个称为语言的空间中占据的位置以及人如何在这个空间里居住定义了人的身份。语言使人成为人，那是因为它能使人从"存在物"或"存在者"（das Seiende）中引申出"存在"（Sein）。[1]

在此过程中，存在物从其奇异性提升至体现其本质的普遍性。例如，如果我说我前面那棵树，就是在通过将"树"这个词运用在它身上，从而将这棵树的奇异性提升至所有树的普遍性。

这种借助语言从奇异性到普遍性的移动，会让人想起我们之前在构建自己的决策模型时观察到的类似移动。

决策类似语言。正如语言通过命名具有某种概念性和普遍性的东西来使之存在一样，决策将我们理想的和本质的需要具体化为文字。

斯宾诺莎写道："让我们设想一种特定的决断力，即心理肯定的思维方式……"如果决断力是一种肯定，语言就是理解其真实本质的关键。我们如何决策主要依赖我们如何肯定。

因此,我们如果不进行最后的挖掘,即对决策语言进行探索,我们的工作就不算完成。

决策语言是一种具有复合性的语言,一种连接和联系的语言。我们可以将其称为用连字符连接的语言。进一步阅读,你就会明白我的意思。

看"我"是"我"

哲学家马丁·布伯在他那本出色的《我与你》(*I and Thou*)一书中表达了他的观点,即"我"这个词有两个不同的含义:"我-那"(Ich-Es)或"我-你"(Ich-Du)。

这不仅仅是一个抽象的哲学概念。我发现我的客户在跟他们的客户交流时都对此有所体会。人们立即就能感觉到他们被当成"那"(一个要打交道的实体),还是"你"(一个值得关注的人)。

从"我-那"到"我-你"的转变标志着从共栖世界向关系世界的转变。这里的基本观点是,"我-你"中的连字符的意义指出了"我"和另一个"我"之间存在连接的可能性。

与此类似,根据我们迄今为止的旅程,我们可以添加另外两个对"我"这个词的解释,它们是"我-原我"和"我-自我"。正如

"我-你"和"我-那"代表了我们和其他人之间的关系,"我-原我"和"我-自我"代表了我们与自己的关系。

"和"还是"或"

根据美国哲学家张美露(Ruth Chang)的说法,当我们假设品质(例如善良、美丽、正义)与可以被精确地定义和测量的科学数量相似时,就犯了一个根本性的错误。在她看来,这是我们挣扎于艰难抉择的主要原因之一,我们因发现它们如此困难而痛责自己,并认为这都是因为自己能力不足。在她看来,"艰难的选择之所以难,是因为没有最好的选择"。[2]

她解释说,我们如果不把选项只确定为相同、优或劣,就会有第四种看待艰难选择的方式。第四种方式就是张美露所说的"同等"。当两个选项同样有吸引力,却出于不同的原因时,我们就会迷失方向。然而,在这种情况下,艰难的决策赋予了我们规范性力量,使我们找到自己的原因,而非必须依赖外部原因来做决定。

借助艰难选择的规范性力量,"我们可以找出自己成为这种人而非那种人的理由,全心全意地成为我们要成为的人,成为自己生活的创造者"。

在本书的前面,我表达过:意志就像一条汹涌的河流,沿着山谷

第四部分 决策思维

倾泻而下，我们不得不积极地跟随着它，把我们意志的急速漂流筏扔到它上面。我们在面临艰难选择时，只有增强决断力，才能创造取得进展所需的动量。否则，我们要么顺水漂流，要么在河岸上漫无目的地等待，直到命运替我们决定——等待不是安全的选项（记住卡尔·荣格的警告：我们内心所否认的东西，将会有一种在外部世界中以命运的形式回到我们身边的趋势）。

"成为有意志的人"才是真正的规范性力量。正是通过确定与意志互动的正确时间、地点和方式，我们才写出了关于自己生活的故事。在创造自己的故事的过程中，通过准确地运用我们的决断力也为自己带来了好运。

通常，问题应该是"由于选项A和选项B是同等的，我该何时或如何投身于决定，并做出这一会给我带来彻底的变化的艰难的选择？"，而不是"对我们更好的选择是选项A还是选项B？"。

在此，我们有令人信服的证据表明"和"的力量。正如卡尔·荣格所写的那样，"整体性不是通过切下某种存在的一小部分实现的，而是通过整合对立面实现的"。规范性选择可以让我们实现这种整合。另一种更直接的方式就是对立面的整合，而不是排斥一种选择，支持另一种选择。

音乐家丹尼尔·巴伦博伊姆（Daniel Barenboim）从音乐技巧和哲学中汲取灵感。十几岁时，他就读过斯宾诺莎的书，深受其影响。他的老师娜迪亚·布朗热（Nadia Boulanger）认为，理想的音乐家应该用心去思考，用智慧去感受。《卫报》（*The Guardian*）中的一篇文章写道，"他经常提到明显对立的概念，如选择和限制、情感和理性……对他来说，这些概念是有助益的伙伴。他对对立面的喜爱得到了爱德华·萨义德（Edward Said）的进一步推动，他称赞其关于启示性的构想，即思想、主题和文化之间的相似之处可能会存在悖论性，不是相互矛盾的，而是相互充实的"。[3]

我的一次经历比较能够说明这个问题。曾经我计划在罗马写这本书，并向作家马丁·劳埃德-埃利奥特说起我想专心写作，不打算带上相机享受街头摄影的乐趣，要知道，那可是我的爱好之一。他巧妙地向我暗示这可能是一种认识上的误区，因为我从摄影中获得的创造力会转移至我的写作中。事实证明他是对的，我很高兴，同时自叹不如。

最终，对立面的结合是我们多面性的标志和原因，它鼓励每个人都应该拥有多面性。与之相对的是片面性，对许多人来说，这会让他们养成舒适的习惯，也可能导致他们患上神经症。正如荣格所写："神经症不容忍模棱两可。"

荣格虽然没有反对此类片面性，但也考虑过它有可能被滥用了：

"……到目前为止，看不见的互补对立面以及白中黑、善中恶、高中深等均不为人所见。当我们执着于人物角色,或只关注甜蜜和光明,抑制所有形式的阴影时,便为心流的卡顿创造了条件。"4

正如我们之前所发现的那样,"停滞"是动量的敌人,因此,也是决断力的敌人。

通过这两个讨论(同等决策和矛盾决策),我们观察到,语言中的"和-性"(and-ity)①这种语义上的连字符也是一种"歧义管理装置"。

荣格派精神分析家玛丽-路易丝·冯·弗朗兹写道:"当矛盾超过某种程度时,个性弱者会失去耐心,表现得急躁,但个性强者可以忍受更长时间。"5

"和"是管理相似选项(同等)和相反选项(反向)之间不明确的矛盾的词。但是,当涉及我们的决策时,更多的含混不清之处就会发挥作用:

介于"决策对其本身而言是最终的"和"决策对我们来说不是最终的"之间。

在"存在不同选项"和"我的选择取决于我自己的需要"之间。

---

① and-ity是作者创造的一个词,我译为"和-性",用于表示维持两种事物之间矛盾关系的概念,而不是把它视为是彼此排斥的。——译者注

在"失去目标"与"积极学习该体验"之间。

在最后一点上,里尔克用优美的语言写道:我们成长的方式就是"被越来越重大的事情无情地打败"。⁶

在我们不断追寻个人命运的过程中,没有悲观主义,而有一种不断发展的令人振奋的感觉。

这种反思的结论是:关于我们艰难选择的规范性实质是隐含在上述所有情景中的连字符。关于我们决策核心的矛盾越激烈、越持久,我们的艰难选择就越规范。

如果我在此描述的规范性的本质是连字符,那么连字符的本质是什么?我们再次从词源学中得到提示。连字符来自意为"表面之下的联系"的单词,它是一个轭①,即我们要服从的东西。这就是sub-jugation(征服)的象征。从这个意义上讲,连字符是把我们与比自己更强大者联系起来的东西。

通过语言的连字符,以及对对立面之间矛盾关系的隐性管理,我们与比自我更强大的东西联系在一起。连字符的规范性在于它创建了一个直达原我的连接。通过这种联系,它影响了我们,同时又提升了我们。

---

① 轭(yoke)是套在两头动物(特别是牛)的脖子上,用于拉东西用的木质器具,好比连字符。——译者注

如果连字符的"纽带"存在于subjugation（征服）一词中，那么我们在conjugation（动词的词形变化或共轭）这个单词中也能看到它的身影。这听起来简直是在谈语法，但即使意识到这一点可能也不算是一件坏事。毕竟，grammar（语法）与grimoire（魔法书）有相同的词根，而grimoire这个词把我们带到了魔法世界。

其实这可能不是一件坏事，因为要想改变世界，必先改变自己，而这就需要利用意志的力量：决断力。如果不是这种力量，那么魔法是什么呢？

正如西格蒙德·弗洛伊德在其《精神分析导论》（*Introductory Lectures on Psychoanalysis*）中提醒我们的那样："言辞原本就是魔法，直至今日，文字仍保留了其很多古老的魔力。通过语言，一个人可以使另一个人心花怒放，或使之绝望；通过语言，老师将知识传授给学生；通过语言，演讲者可以给其听众以启发，并决定他们的判断和决策。"[7]

动词是最为重要的语言

正如我们所看到的，决断力语言是一种连字符的语言。它也是一种存在动词词形变化的语言。这就是为什么我们现在需要看看其另一个维度——动词性。

托马斯·马丁（Thomas Martin）在其1824年出版的《英语的语言学语法》(*Philological Grammar of the English Language*)中,写了一段关于动词的文字:

"最后一类需要注意的是那些称动词为'句子中的主要单词'的定义。……也许,这些想法很多是从布赖特兰（Brightland）那里借用的,他称动词为'句子的灵魂',因为没有动词,就不可能有完整的句子;因为没有它,什么都表达不了,包括肯定或否定。"

动词是"句子的灵魂"这个概念对于许多古代语言来说尤为重要。在古代语言中,句子的主语甚至不是一个单独的词,而是暗含于动词的变形之中。当我们说"我爱"时,罗马人会说"amo",希腊人会说"agapo",希伯来人则说"hohev"。通过动词的变形,主语归于、服从于或含于动词中。这证实了动词在句子中的重要性。

动词是肯定并表达决断力的词,没有它就无法表情达意。我们如果把动词当成"语言的灵魂",那也可以把它当成"灵魂的语言"。因此,动词肯定和表达的是灵魂的决断力。

根据精神分析治疗师詹姆斯·霍利斯的说法,动词的至高无上与我们为事物命名这一夸张的倾向形成了鲜明对比:

"我们的自然倾向是……想要具体化、修复、强化、定位这个世界,并把它固定下来,以便控制它。这种需求虽然是自然的,但也可能是我们误解世界的主要根源,是我们与世界以及形成世界的神秘能量疏远的主要根源……虽然自我意识希望图像可以固定,但这样的图像会泄露神秘,并孤立、限制它,从而从动词的世界转至名词的世界。"[8]

这就是为什么在犹太人的信仰中信徒不能说或写上帝的真名,而需要使用代名,其中一个代名是哈希姆(Hashem)。它的字面意思是The Name,即名字(ha意为the,shem意为name)。shem也存在于另一个意为"名词"的词中:shem etzem,其字面意思是"本质之名"。

可以说,使用名词时,我们只用其名称,它是本质的外壳,而非本质本身。表述本质的语言其实是动词。

同样,在希伯来语中,表示动词的词是poal,但poal也表示"活动"和"成就"。动词不像名词一样是外壳。动词既是行为,也是其预期的结果。动词不仅是语言的本质,更具体地说,还是灵魂语言的本质。这可能是因为行为和结果之间的无形联系(表现决断力的魔力)是动词to will(决心要,用意志力使……)。I will(我想要)是我们在不确定性和确定性之间架起桥梁的唯一方法。

动词to will具有神奇力量的另一个迹象是其存在双重含义。I will是"I want"更深刻的表达;它也预言和表明了未来行动的结果,例如我们说的"我想要搬到新家"。

难道说，在我们意志的力量最伟大的决断力领域里，不存在双重内涵，或者更确切地说，I will 的双重内涵是相同的？

在这最后的考古探索中，我们将进一步挖掘所有决断力（我们的意志）的来源，并打算在那里找到答案。

在学校学习的语法中，有一部分就是动词在不同时态的变形，分为过去时、现在时、将来时等。我想提出一种观点：在决策的语法上，这种模式是错误的。这是我们将自然具体化的另一个迹象。在探讨名词与动词时，霍利斯谈到了这个问题。我认为相同的观点可以扩展至动词本身。爱因斯坦说："像我们这样相信物理学的人都知道过去、现在和将来之间的区别只是一种顽固坚持的幻想而已。"相信某事已经发生、正在发生或尚未发生要容易得多。然而，过去—现在—将来的结构是我们将大自然具体化的印记。

在内心深处，我们都知道过去的事仍然可能困扰我们今天或明天的思想和决定。同样，对未来结果的恐惧可能危害我们目前的选择。"过去—现在—将来"的世界观有很强的渗透性。

我建议要更精确地表示动词随时间而变形的方式，特别是当我们说"I will"时，也遵循三种时态，甚至可以说三种"矛盾关系"，但是性质不同：

1. 留恋过去。

2. 主动形式。

3. 留恋将来。

下面我会颠倒一下顺序,把主动形式留到最后讨论。

留恋过去

"留恋"(nostalgia)这个显而易见的同义反复是为了区分第一个时态和第三个时态(留恋将来)。

若是留恋过去,I will 的含义类似于"我希望我做过……"。在这种时态下,作为一种我们决断力的表达,当我们说"I will"时,我们可能觉得是在现在或将来说话。然而,事实是这种表达方式充满了因过去而产生的痛苦、遗憾或悔恨。I will 不只受过去的影响,还承载着过去。

詹姆斯·霍利斯写道:"我们不是我们的历史,而是希望通过我们自己进入世界的人。"[9] 在第一个时态下说"I will",即沉湎于过去而不能自拔。这是对我们潜能的否定,也是对我们自己的否定。

留恋将来

在这种时态下,"矛盾关系"的性质不同。此时 I will 的意思是"我希望我能……"。它会被一种恐惧所玷污,即我们可能不应该得到或无法实现我们所希望的结果。它限制了我们的用武之地,再次迫使我们"穿着太小的鞋子走路"。

索伦·克尔凯郭尔(Søren Kierkegaard)写道:"最痛苦的存在状态是记住未来,尤其是你永远不会拥有的未来。"

治愈这种痛苦只有一个办法:遵循主动形式的原则。

主动形式

处在留恋过去和留恋将来之间的是第二种时态。

它与"常规"语法中的现在时态不同,因为它结合了现在和将来的元素。这是代表肯定和决断力的时态。此时 I will 的意思就是"我会"——同时存在两个时态,既表达了愿望,又表达了未来的结果。

在主动形式下,不存在过去。过去已经发生,充其量只能以主动的形式影响我们的意志:它不能活在我们的意志中。

在主动形式下,不存在留恋。从字面上讲,"nostalgia"的意思是"思乡之情"(德语为 Heimweh),即对家乡的深深思念。

在主动形式下，不存在思乡，因为自我已经切断了与伊甸园的所有联系，并找到了一个以原我为中心的新家。这种个性化的体验带来了心流和满足感，而不是痛苦。

让我们记住斯宾诺莎的"努力"的概念，即它是事物的本质，而不是其外部特性："因为我想要它，所以有些东西就是有利的；而不是因为它是有利的，所以我想要它。"

这就是意志的神奇力量之源：我们"想要"的就是好的。我们创造自己的好运，创造自己的生活。

主动形式是我们能找到的适合当作家的唯一时态。我再次受到了斯宾诺莎的观点的启发，即"好人或强者是一个如此完整或如此强烈地存在的人，以至于在有生之年获得了永恒。因此，死亡总是广泛的，总是外在的，对他来说意义不大"。[10]没有比这种"主动形式"的定义更恰当的了。

法国哲学家皮埃尔·扎维（Pierre Zaoui）在关于斯宾诺莎的文章中写道：我们应该自问的问题不是"下一步我要做什么？"，而是"我能决定完全过我现在的生活吗？"。[11]这意味着我们在决策方面遇到的任何困难本质上就是我们在当前状况下遇到的困难。显然，从定义上讲这涉及未来状态。由于无法做出决定，我们表现出对于自己、自己的感情和自己的欲望的无知。我们还表露出我们无法接受自己已经成为的样子的心态。主动形式促使我们接受自己目前的状态，即我们的感觉、渴望和思考的唯一状态。

在本书前面,我们讨论过线性时间的化身——柯罗诺斯的神话。我们提到,他的传统形象是手持长柄大镰刀的老人,大镰刀象征着分离和切断,通常也是可以让人联想到死神的工具。

在探索的最后阶段,即使时间所剩无几,我们最后再次拜访柯罗诺斯也是值得的,因为他有不止一面。

其中一面是一去不复返的时间数字,即我们必死的命运。自古以来,人们一直分不清柯罗诺斯和泰坦神克洛诺斯(Cronus),后来就径直将其合二为一了;在希腊语中,Kronos(克洛诺斯)也是罗马农神萨杜恩(Saturn)。西班牙画家戈雅(Goya)画过一幅著名的画,此画将克洛诺斯描绘成一个吞食自己儿子的可怕的巨人。通过这种象征意义,柯罗诺斯似乎不仅抛弃了我们,还终结了我们未来的潜能。

人们发现柏拉图在《斐德罗篇》(Phaedrus)中对柯罗诺斯的解释截然不同,他的解释让柯罗诺斯成为神圣心灵的象征,即智者,既纯洁又完美(在拉丁语中,satur意为"满的",如单词saturated即"饱和的"之意)。[12]人们很容易将"满的"解释为"完整的、全部的",而不理解成"充满知识的",或者用荣格所说的"个性化的"来解释。

在此背景下,若要回答每个决策背后的那个问题:"我能否决定完全过我现在的生活",就需要克服以下三种限制因素:

・缺乏对我们自己及自己的情感、欲望的了解或理解。

・缺乏对我们是谁和我们置身之处的接受。

・缺乏个性化,可能是其他两个因素的原因或后果(或是两者同时兼有)。

我们费心费力地出土了很多历史文物。随着挖掘的结束,通过对它们进行系统地编目,我们发现自己站在了另一种更深入、更个性化的探索的边缘。这可不是单单一本书能讲完的,而要求我们必须选择立即成为考古学家,以及未来探险的出发点。

● 关键技能之五 压力之下如何决策

决策的范围还包括我们要给自己留出执行的时间。

处理直觉的智慧可能需要花费一些时间;在任何情况下,最好的决策往往取决于过程。那么,如何在时间压力下做出好的决策呢?特别是职场中,在行动的最后期限内,时间可能会很紧迫,有时甚至会紧张忙碌。在压力之下,你怎么能够保证做出正确的选择呢?

时间和压力

时间管理包括一套众所周知的策略:善用职权;列出待办事项清单;谨慎确定优先处理的事项;足够就好,不要追求完美等。这些都是被人们所熟悉的商业惯例。然而,压力有时会非常大,以至于这些普通的技巧不足以应对——我们需要一种应对压力的新思维。

实际上压力并非突然产生的,它源自早期若干出现在相应情境下的因素,只是它们没有引起足够的重视。肇因之一是个人为了取悦与他打交道的人而过于乐观的倾向。此情此景,不安全感经常油然而生：如果我不做此承诺，那么佣金必将为竞争对手所得，而我会令人失望。

宣布要兑现的诺言时，重要的是你要：

· 将你的承诺建立在对可能性的现实评估上，要考虑到：（1）你拥有什么资源；（2）重要任务的范围；（3）某些变量可能减缓进度的概率。
· 如果有可能的话，应在你的承诺中加入一系列假设，必要时，它们会让你延长最后期限或寻求更多的支持（获得额外的费用）。
· 制订应急计划，防止（3）中的变量发挥作用而使压力增加。
· 监控项目进展中的重要任务：在早期支付额外的资源费用通常可以预防在以后补救时付出更大的成本。

做到第二点可能非常耗时。尽管这在短期内会给彼此的关系带来麻烦，但向合作伙伴开诚布公是实现愿景和建立信任的更可靠的方法，而信任是未来开展业务的基础。

纠正看待压力的观点

以上讲的都是关于事先降低压力的方法，但这并不总是可行的。

例如，你有可能在压力已经很大的情况下被派去处理棘手之事，别人对你成功的期望也提高了你潜在的压力水平。

这正是心理弹性显身手之处。心理弹性是应对压力的力量。然而，这可不是一个只要心理弹性足够强大就能吸收压力的问题。被吸收的压力可能会导致精神和情绪的紧张，从而扭曲你的决策。疲劳和忧虑可能会让你看到的东西变形。解决办法是怀着自知的心态应对带来压力的局面，并能看到恐慌永远不会帮忙的实质，同时照顾好自己。不去健身房、逃避周末的家庭聚会、不与朋友见面……这些生活方式都会增加你的压力，使你的思维混乱——就像你的头脑中有一个怪物，它会随着自己的成长一直对大脑施加压力。

把摆脱压力的能力列入岗位职责说明书不无好处。怪物这个类比很生动，而且说得很有道理。然而，你的任务是利用思想的力量揭示这种想象是不准确的。你可以通过拒绝使压力妖魔化来驯服它。你应该识别出它激起的任何情绪，而不对此采取行动。相反，你既然知道在当时的情况下要尽最大努力把工作做好，那就应专注于你的标准时间管理策略（确定优先级、授权等）。要就如何有效地前进做出灵活的决策，只有当你有清醒的自我认知，并有力量理清自己复杂的情绪，保持头脑清醒，冷静地专注于事实时，这些决策才会让你和你的组织实现利益最大化。

结　语

在《四个四重奏》的最后一首《小吉丁》中,诗人艾略特表述了自己那个著名的思考:我们在探索结束之时也将抵达我们出发的起点,并第一次看清那个地方。因此,现在我们发现自己要面对哈姆雷特的独白"To be or not to be, that is the question.",以及它的早期版本"To be, or not to be, I there's the point."。

这是我们开始的地方,也是我们结束的地方。但哈姆雷特所指的这个点到底是什么?在我们的探索将要结束之时,莎士比亚的诗(poetry)向我们揭示了什么?如果poetry仍然保留着古希腊语的词根poiein,那么它不仅仅是一种审美追求,还是一些利用语言创造出来的新的东西。那么哈姆雷特的问题创造了什么,又揭示了什么呢? ①

---

①莎士比亚戏剧是诗剧,以素体诗(blank verse,或译"无韵诗")为基本形式,作者用poetry,而不是verse,意欲表示poetry是比verse更宽泛的东西,即所谓的利用语言进行新的创造。——译者注

我们在《深度决策》中的探索结束于有关决策和动词性概念的表达。因此，这里提出的第一个也是最后一个问题应该是在基本动词性及其对立面之间做出选择：to be or not to be。正如我们所确定的那样，这也是在三种时态之间的选择，即在主动形式和留恋之间的选择，而留恋既指留恋过去，又指留恋将来。这也是在意志和退步、欲望和冷漠之间的选择。

我所指的动词性既要求内省，又需要连接。我们为了与周围的人和物建立联系，需要和更高层次的东西相连接。从心理学的视角来看，我们发现它关乎我们与原我的沟通，以便与我们周围的世界连接。

因此，我们需要解决的最后一个问题就是探索这个最终的突触连接。突触是我们大脑中两个神经细胞之间接触的结点。不过，从词源学上讲，突触也是将各个实体固定或紧握在一起的连接件。我们遵循的线会带我们穿越突触连接的迷宫。

要了解这在实际中意味着什么，我们需要最后一次前往这一切开始的地方：古希腊。

希腊重要的考古博物馆之一在其中部的德尔斐，该神殿位于雅典西北方向约200英里（1英里大约为1.6千米）处。当地的博物馆收藏了一批在古代捐赠给德尔斐神殿的雕塑和物品。德尔斐是古希腊最神圣的神殿的所在地，也是皮提娅（Pythia）的家，她是德尔斐著

结　语

名的传神谕者和阿波罗神庙的女大祭司。

在博物馆珍贵的藏品中,有一块独特的巨型大理石雕像,呈卵形,被称为Omphalos(翁法洛斯),这个希腊语单词相当于英语单词navel,即"肚脐"。如果说德尔斐是古代世界的中心,那么翁法洛斯就是万物汇聚之处、万物起源之处,即世界的中心点。因此,德尔斐的翁法洛斯被放置在神殿神圣的密室阿底顿(Adyton)里,靠近皮提娅的三足圣座。人们赋予该石以神奇的美德,认为它可以与神直接沟通。根据美国考古学家莱斯特·霍兰德(Leicester Holland)的研究,这块石头是中空的。这一事实从侧面表明它是在皮提娅占卜时用来向她传送圣灵之气(精神、灵魂)的。

在神殿中心密室外的前院墙壁上,迎候游客的是两句著名的古希腊箴言:Gnothi seauthon和Meden agan,意思分别是"认识你自己"和"凡事皆有度"。[1]

詹姆斯·霍利斯说:"众所周知,德尔斐阿波罗神庙入口处的题词提供了圣人的建议——认识你自己。但据说,在内殿的入口上方刻有'Thou Art'的字样,只有经过严格灵修的人才能获准进入内殿。"[2]

霍利斯将此解释为一种象征:我们除非获得深刻的自我认识(一种启发灵感的解释)和精神分析背后的关键前提,否则不可能成为真正的自己。

然而,基于艾略特"精神探索结束于其起点"的说法,我想提出另一种解释。

如果翁法洛斯确实是世界的中心,那么也是我们的起点,因此我们的意义之源可能不是自我认知,而是存在。我们只有借助存在,才能完全而有意识地进行自我认知,才能体验生活中最充实的方方面面,比如遵循"黄金分割",按照我们的价值观和事情的优先顺序生活,足够勇敢地视我们的错误为积极的,等等。

神殿已被破坏,首先是因为火灾(公元前6世纪),然后是因为地震(公元前373年),因此,我们无法验证刻在殿内的是哪个字——是εἰ(Thou art[①]),还是ἴσθι(Be!)。

无论哪种方式,意向的表达都是使用祈使语气,是一种劝告之语,或是一种活在主动形式中的召唤。即使铭文是εἰ(Thou art),它的目的也极不可能是要说明一个显而易见的事实:我们存在,而不是我们不存在。否则,它将是邀请我们凝视人类自己的"肚脐",而不是经由世界的"肚脐"勇敢地出发。

[①] Thou Art 的现代英文是 you are,其含义没有一致的说法。有人解释说是当阿波罗走进神殿,众人向他致意时喊的,意为 the god has eternal being(你是永恒的),从这个角度讲即"万岁";或 to be(存在)。有的解释恰恰相反,说是阿波罗在向来访者致意时说的。Be 的情况类似,接近 live your life,可以理解为"做自己"或"享受你的生活"等。为避免翻译为中文后有失偏颇,此处保留英文不译。——译者注

结 语

在本书即将结束之时,也到了我们该总结一下有关决断力和决策的表达的时候。我们将动词情态概念(英语动词有四种语气:陈述语气、动词不定式、祈使语气和虚拟语气)加入动词性概念(包括留恋和主动的三个时态)之中。决断力用的是祈使语气。比如名词的动词化,a will 变成动词 will,we will the world 就转化成一种强烈愿望的表达:我们不应被动地听天由命,而应将自己的愿望表达出来,由此改造世界,为此,我们需要一种关于表达的途径和方法。稍前,我们提出动词性会有助于我们通过内省和连接的结合运用以达此目的:利用更高级的情感征服原我;而且不仅与外部世界相连,还与我们内心其他的情感相连。

"人是系在动物和超人之间的一根绳索,一根能够跨越深渊的绳索。……人之所以杰出,是因为他们是桥梁,而不是目的;人之所以可爱,是因为他们既是跨越者,又是内省者。"[3]

尼采的这些话意在说明:对于人类来说,最具有价值的是内省和连接的结合。或用他的话说,既要完成从动物到超人的转变,又要敢于直面内心的阴暗面和痛处,剥离表象,直达根源。

内省和连接就是一种不断演进的连字符,借助它们的互动,我们可以把情感的组合看成我们决断力的体现。我们如果在生活中不失洞察力和决断力，渴望学习，约束自我，它就会成为我们个性发展故事、人生故事的体现。

尽管可能会很痛苦，但最艰难的决定不啻打开了一扇独特的窗，并且据此，我们得以了解内心世界和外部世界。它们是混沌的世界，面对混沌我们不必感到恐惧，而应热情相迎。这种存于世的混沌或许就是必然存于我们内心之混沌的反映。我们的救赎可能就在这种使人气馁的领悟之中。

我告诉你们：自身混沌必定诞生一颗跃动的星。

我告诉你们：你们自身仍混沌。

——弗里德里希·尼采

后 记

感到欣慰吧,你如果没有发现我的话,就不会来找我。[1]

——布莱兹·帕斯卡尔,《思想录》(Pensées)

亲爱的读者:

在我们的旅程结束之时,我希望本书能带给你一些具有启发性的问题,也许还有一些具有启发性的答案。

我希望本书不仅能发人深省,还能培养雄心壮志,而雄心壮志又会促生行动。因此,在这最后几页的后记中,我们盘点一下在此旅程中达成的共识,从拖延到决策思维,再到我们最聪明的选择。

在此次旅程中，我们共同讨论并挖掘了几个资源丰富的领域。在第一部分，我们探讨了自己建立的防御机制，以及面临艰难决策时的恐惧。透过镜子，我们看到这些恐惧反映的是我们内心深处对自己的恐惧。

在第二部分，我们从害怕决策对自己的影响转向害怕自身对决策的影响。由于人人都有隐藏的倾向，所以我们探索了自己寻求庇护的每个房间和密室——我们偶尔会被困在那里。

在第三部分，我们探讨了从意愿推进到决策所需的动量，发掘出了完整的"情绪—情感—想法—言语—行动"动量链，以及意向性的动态架构。

最后，在第四部分，我们把考古任务转向了透视，它是大多数现代决策理论的核心。旅程中这种视角的整合，促使我们创造了一种新的决断力模式，并以原我、自我和决策为主角。然后，我们确定了随机性在决策中的作用，得出的结论是：决策之间的线比任何单项决策都要重要。这些线也有助于我们参与意志的流动。我们提出的这些线结合在一起时创造的织物就是我们人类的故事，然后探讨了语言在这种故事中的作用。这引导我们建构了有关决断力的语法，即在意志力的魔力背后的语言。至少还有一个问题没有回答：我们要从这里走向何方？

这个问题之所以没有得到回答，是因为它是一个开放式问题，而

后 记

且必须是个开放式问题。这个问题就是"我的什么部分不能决定",而不是"我为什么不能决定"。

每当面临艰难选择时,通过反复提出和回答这个问题,我们就创造了一种决策模式,并最终将其形成一种模式中的模式。由此产生的厚厚的织物是我们搭桥走向原我所需的物质。决策既可以帮助我们成为更好的决策者,也让我们变得更加个性化。

在这方面,棘手的决策既是由我们缺乏与原我的联系导致的问题,也是解决同一问题的方法的唯一成分。这是因为决策和我们一样,部分混乱,部分有序——都是一个不断将混乱归于有序的机制。决策既是刀,也是磨刀石。它们是打磨决策的工具。

我们的决策越锋利,切割得就越利索,断面就越整齐。"切断"就是释放sève,它是一个法语词,相当于英语的sap,即植物的液、树的命脉。树本身可作为灵魂的一个有力象征。树液是纯粹的本质,代表真正的意义。这是对原我神秘性的直接体验。决策正在切断,而切断正在原我化。

每次决策(decide)时,我们都是在这个单词的两个词根之间投入一支形状像字母I的箭,从而创造出一个新的现实:de-I-cide。这种弑神(deicide)行为绝非亵渎神明。每当决策时,我们的行动都标志着一个假神的灭亡,这种妖魔鬼怪孕育了虚假的原我。

本书始于这个问题:作为人,我们如何才能成为更好的决策者?

它又以一个不同的问题结束：作为决策者，我们如何才能成为更优秀的人？

如果像我们暗示的那样，这个问题的答案涉及我们跨过通往原我的桥梁，并创造模式中的模式，而这个模式是我们决策的总和，也是我们有意义的生活，那么我们需要一个让人印象深刻的隐喻。这是因为从字面上讲，metaphor（隐喻）的意思是"留待以后处理"（来自希腊语的 meta-phorein）。因为下来要跨过通往原我的桥梁，在这种情况下，由于前方旅程的范围，我们可能会觉得需要一个隐喻中的隐喻。它会是什么呢？

如果 metaphorein 的意思是"留待以后处理"，那么我们从拉丁语中继承的一个词也意味着"留待以后处理"。令人惊讶的是，这个词竟然是"caricature"（漫画）。我们自己的漫画可能是原我的最佳隐喻，因此，也是通往原我的最佳桥梁。

不过，通过创作自己的漫画，我们最终成为另一个不太复杂、不太完整的人。这难道没有风险吗？这将会让我们背道而驰，而不是让我们走上自己所希望的通往个性化的道路！

无可否认，绝大多数从报刊或网上找到的讽刺漫画中，没有真正的艺术。但是，它们中的一些会以令人难忘的方式引起我们的遐想。例如，在20世纪60年代，法国和其他国家的报纸刊登了一些描绘戴高乐将军的引人注目的漫画。这些漫画过分强调他的鼻子大小和其

后 记

他面部特征,给人一种傲慢的印象。漫画不仅仅是现实的一种粗略的近似物,也是一种特别的肖像。例如,看看乔瓦尼·巴蒂斯塔·提埃坡罗(Giovanni Battista Tiepolo)这位18世纪的艺术家吧。他漫画的天才之处在于用尽可能少的"特质"传达其所描绘对象的本质特征,即"树液"。

通过添加更多的细节和更多的定义,我们不会传达其本质,相反,通过删除所有不重要的细节反倒可以实现这一点。

有些管理和自助书讲过这样一个故事:16世纪初,米开朗基罗刚刚完成其杰作《大卫》雕像,教皇便前去参观。

这个故事有不同的版本,但都讲述了欣赏完雕像后,教皇向米开朗基罗询问艺术天才的秘密那一刻。米开朗基罗回答说:"很简单。我只是去掉一切不是大卫的东西。"

故事很精彩,但遗憾的是,此事找不到任何依据!

不过,在给历史学家和诗人贝内代托·瓦尔基(Benedetto Varchi)的一封信中,米开朗基罗写道:"通过拿走多余的东西,雕塑家抵达了终点。"这与上述故事的理念相似,只是缺乏有虚构之嫌的教皇参观所具有的影响和排场。

这种为了彰显本质而把多余的东西凿掉的方法让人想起了否定神学(Apophatic theology),其也被称为Via Negativa或Via Negationis。根据这个古老信仰的说法,我们只能设法通过排除法来描述上帝,即指出上帝不是什么,而不是上帝是什么。要知道,有些东西是无法言喻的。

每当我们面临艰难的决策时,都会沿着完全相同的路线前进:通过凿掉不是我们的东西,剥去我们表面性的东西,回答"什么不能决定"这个问题,以揭示好比透过面纱短暂一瞥而看到的存在。

我认为此种迭代创建的模式也是我们的路径。沿此道路走下去,我们将会找到一次又一次努力追寻的东西。

约瑟夫·比卡特

注　释

序　言

1.Research by CTI, 2012. "Acting decisively" was seen by 70 percent of respondents as a major contributor to executive presence, ranking second behind the ability to exude confidence.

引　言

1.From Albert Camus' essay "L'Existence", 1945.
2.Martin Buber, *I and Thou*, Bloomsbury, 1937, p37.

第一部分 犹豫不决

第一章 失乐园

1.Fyodor Dostoyevsky, *Notes from the Underground* (1864), trans. Ronald Wilks, Penguin Classics, 2009, p26.

2.Erich Fromm, *Complete Works*, "Zum Gefühl der Ohnmacht", vol 1, Deutsche Verlags Anstalt, Stuttgart, 1980, p65; quoted by Marie-Louise von Franz in *The Problem of the Puer Aeternus* (Studies in Jungian Psychology by Jungian Analysts), Inner City Books, Toronto, 3rd edn, 2000, p64.

3.Gunter Hitsch and Ali Hortacsu of the University of Chicago and Dan Ariely of Duke, as cited in Roy F Baumeister and John Tierney, *Willpower:Why Self-control Is the Secret to Success*, Penguin, 2012, p101.

4.James Hollis, *The Eden Project: In Search of the Magical Other*, Inner City Books, 1998, p17.

5.Ibid, p15.

第二章 防御力量

1.*Evening Standard*, 28 January 2016.

2.Tim Adams, "Dicing with Life", *The Guardian*, 27 August 2000.

3.*The Daily Telegraph*, 5 July 2016.

4.Brené Brown, *Daring Greatly: How the Courage to Be Vulnerable*

Transforms the Way We Live, Love, Parent, and Lead, Penguin Life, 2012, p128.

5.Karen Horney, Neurosis and Human Growth, WW Norton & Co., 1950, p17.

第三章　投射恐惧

1.Ranjay Gulati, Nitin Nohria and Franz Wohlgezogen, "Roaring Out of Recession", *HBR*, March 2010.

2.Marie-Louise Von Franz, *The Problem of the Puer Aeternus* (Studies in Jungian Psychology by Jungian Analysts), Inner City Books, Toronto, 3rd edn, 2000, p118.

3.See www.findaspark.co.uk/resource/cognitive-bias-codex/ (Algorithmic design by John Manoogian III (JM3), categorization by Buster Benson, based on data from Wikipedia. For the complete list of cognitive biases see: https://en.wikipedia.org/wiki/List_of_cognitive_biases.

4.Irvin D Yalom, *The Gift of Therapy:An Open Letter to a New Generation of Therapists and Their Patients*, HarperCollins, 2002, p152.

5.Buridan's words are quoted in Joel Levy, *The Infinite Tortoise*, Michael O'Mara Books, 2016, p26.

6.Benedict Spinoza, *Ethics*, Book 2, Proposition 49, Scholium.

7.John Kay, *Obliquity: Why Our Goals Are Best Achieved Indirectly*,

Profile Books, 2011, p8.

8.Epictetus, *Enchiridion*, Dover Thrift Editions, 2004, p1.

9.Ibid, p2.

10.Aristophanes, *The Birds*, lines 695–9.

11.Fyodor Dostoyevsky, *Notes from the Underground*, 1864, Loki's Publishing, pp35–6.

12.James Hollis, *The Eden Project:In Search of the Magical Other*, Inner City Books, 1998, p61.

13.James Hollis, *Finding Meaning in the Second Half of Life: How to Finally, Really Grow Up*, Avery, 2006, p31.

14.Ibid, p29.

15.Dante Alighieri, Inferno, introductory notes to Canto XXXII by John Ciardi, Signet Classics, 2001, p259.

第四章 透过镜像

1.*Reinventing Your Life:The Breakthrough Program to End Negative Behavior ... and Feel Great Again*, Plume, reprint edn, 1994.

第二部分　你在哪里？

第五章　原我的启动者

1.James Hollis, *The Eden Project: In Search of the Magical Other*, Inner City Books, 1998, pp29–30.

2.Martin Buber, *The Way of Man*, Routledge Classics, 1965, p4.

第六章　暗藏的密室

1.George Bernard Shaw, *Back to Methuselah*, Digiread Publishing, 1921, p53.

2.Immanuel Kant, *Critique of Pure Reason*, B, xvi–xvii.

3.CG Jung, *Analytical Psychology: Its Theory and Practice* (Tavistock Lectures), Routledge & Kegan Paul, 1963, pp11–12.

4.*Time* magazine, "Ozmosis in Central Park", 4 October 1976.

5.*Ideastogo*, March 2013 newsletter, "Why you should have a childlike imagination, and the research that proves it."

6.Marie-Louise von Franz, *The Problem of the Puer Aeternus* (Studiesin Jungian Psychology by Jungian Analysts), Inner City Books, 3rd edn, 2000, p110.

7.Thea Zander, Ana L Fernandez Cruz, Martin P Winkelmann, Kirsten G Volz, "Scrutinizing the Emotional Nature of Intuitive Coherence

Judgments", Werner Reichardt Centre for Integrative Neuroscience (CIN) at the University of Tübingen, 2016.

8.The Jimmy Carter Presidential Library. www.jimmycarterlibrary.gov/research / thirteen_days_after_twenty_five_years

9.The President's own words, from Jimmy Carter, *Keeping Faith: Memoirs of a President*, University of Arkansas Press, 1995.

10.Amos Tversky and Daniel Kahneman, "The Framing of Decisions and the Psychology of Choice", Science, new series, vol 211, 4481 (30 Jan 1981), pp 453–8.

11.Theodor Reik, *Listening with the Third Ear: The Inner Experience of a Psychoanalyst*, Grove, 1948, p vii.

12.Ap Dijksterhuis (Professor at Radboud University Nijmegen's Social Psychology Department), *The Smart Unconscious*, 2007.

13.Anthony Storr, *Jung*, Routledge, 1991, p77.

14.Aristotle, *Nicomachean Ethics*, Book II, Chapter 6.

15.Arthur Schopenhauer, *The World as Will and Representation*, Vol 1, Book 4, expanded edn, 1859.

16.Adapted by Rabbi Jonathan Sacks, *From the teachings of the Lubavitcher Rebbe*, published and copyrighted by Kehot Publication Society. www.chabad.org/therebbe/article_cdo/aid/110320/jewish/Torah-Studies-Lech-Lecha.htm. Inter-Directedness

17.James Hollis, *The Eden Project: In Search of the Magical Other*,

Inner City Books, 1998, p23.

18.Martin Buber, *The Way of Man*, Routledge Classics, 1965, p15.

19.Richard Sembera, *Rephrasing Heidegger: A Companion to Being and Time*, University of Ottawa Press, 2008, p180.

20.*L'Italo-Americano*, 9 April 2015.

21.*Gerhard Richter: Panorama interview* (www.tate.org.uk/art/artists/gerhardrichter–1841/gerhard-richter-panorama), Tate Modern, London, 11 October 2011.

22.Bram Stoker, *Dracula* (1897), Penguin Classics, 2004, p25.

23.As quoted in Anthony Storr, *Jung*, Routledge, 1991, p88.

第三部分　决断力的动量

第七章　重中之重

1.Albert Einstein Archives Online (www.alberteinstein.info).

2.Livy, 22.61.10, trans. Mark Healy, in *Cannae 216 BC: Hannibal Smashes Rome's Army*, Osprey Publishing, 1994, p86.

第八章　决策的心流

1.John Geirland, "Go with the Flow", *Wired* magazine, September

1996, issue 4.09.

2.Mihaly Csíkszentmihályi, *Flow: The Psychology of Optimal Experience*, 1990, new edn Rider, 2002, p52.

3.Ibid, p60.

4.Ibid, p87.

5.Ibid, p84.

6.Ibid, p85.

7.Ibid, p92.

第九章　引擎盖下

1.This passage partly quoted and partly paraphrased is from Antonio Damasio, Descartes' Error, Chapter 8, "The Somatic-Marker Hypothesis", Vintage, 2006, p167.

2.Antonio Damasio, *Descartes' Error*, Chapter 8, "The Somatic-Marker Hypothesis", Vintage, 2006, p173.

3.Antonio Damasio, *Looking for Spinoza: Joy, Sorrow and the Feeling Brain*, Houghton Mifflin Harcourt, 2003, p66.

4.Ibid, pp67–8.

5.Ibid, p112.

6.Baruch Spinoza, *Ethics*, Book 3, Proposition 6.

7.Baruch Spinoza, *Ethics*, Book 2, Proposition 9, Scholium.

8.Plato, *Phaedrus*, section 246b, trans. Alexander Nehamas and Paul Woodruff, Hackett, 1995.

9.Baruch Spinoza, *Ethics*, Book 4, Proposition 7.

10.Ibid, Proposition 21.

11.Martin Buber, *The Way of Man*, Chapter 4, "Beginning with Oneself", Routledge Classics, 1965, p22.

12.William Shakespeare, *King Lear*, V iii 324.

13.Carl Jung, *Symbols of Transformation*, Collected Works, 5, para 551.

第四部分　决策思维

第十章　透视问题

1.Saint Ignatius of Loyola, *Spiritual Exercises*, in *Personal Writings*, Penguin Classics, 1996, [182] p318.

2.ibid, [179] p318.

3.ibid [185], p319.

4.ibid [186] and [187], p319.

5.https://hbr.org/2016/09/how-to-tackleyour-toughest-decisions.

6.Leon Battista Alberti, *De Re Aedificatoria*, Book 9, Chapter 5.

7.Ibid, Book 6, Chapter 2.

8.Leon Battista Alberti, *On Painting*, ed. Martin Kemp, Penguin Classics, 1991, p54.

9.Ibid, p37.

10.Ibid, p44.

11.Ibid, p45.

12.Ibid, p42.

13.Roy F Baumeister and John Tierney, *Willpower*, Penguin Books, 2011, p70.

第十一章 决策之间的线

1.Gilles Deleuze, *Spinoza: Practical Philosophy*, City Lights, 2001, p40.

第十二章 随意志流而动

1.Gilles Deleuze, *Spinoza: Practical Philosophy*, City Lights, 2001, p123.

2.Baruch Spinoza, *Ethics*, Book 2, Propositions 48–9.

3.*Ethics of the Fathers (Pirkei Avot)*, 2.16.

注 释

第十三章 我们的故事

1.Gilles Deleuze, *Spinoza: Practical Philosophy*, City Lights, 2001, pp 22–3.

第十四章 注意你的措辞

1.The concepts of *Sein and Seiende* are explored by Martin Heidegger in his book *Sein und Zeit*: "Being, " he writes, "is always the Being of Beings."

2.The material from Ruth Chang is taken from her Ted Talk, "How to Make Hard Choices", www.ted.com.

3.Susan Tomes, *The Guardian, "Notes to Self "*, 23 August 2008.

4.CG Jung, *Collected Works*, 14, para 470.

5.Marie-Louise von Franz, *The Problem of the Puer Aeternus* (Studies in Jungian Psychology by Jungian Analysts), Inner City Books, 3rd edn, 2000, p50.

6.Rainer Maria Rilke, *The Man Watching*, 1875.

7.Sigmund Freud, *The Standard Edition of the Complete Psychological Works of Sigmund Freud*, Volume xv, Introductory Lectures on Psychoanalysis, 1915–16, Vintage Books, p17.

8.James Hollis, *What Matters Most*, Gotham Books, 2010, pp 98, 104.

9.James Hollis, *Hauntings: Dispelling the Ghosts Who Run Our Lives*, Chiron, 2013, p 53.

10.Gilles Deleuze, *Spinoza: Practical Philosophy*, City Lights, 2001, p41.

11.Philosophie Magazine hors-serie n. 29, "Spinoza, voir le monde autrement", 2016, p96.

12.Anna Akasoy and Guido Giglioni, *Renaissance Averroism and Its Aftermath: Arabic Philosophy in Early Modern Europe*, Springer, 2013.

结 语

1.These details come from Pausanias, *Description of Greece*, 10.24.

2.James Hollis, *The Archetypal Imagination*, Texas A&M University Press, new edn, 2003.

3.Friedrich Nietzsche, *Thus Spoke Zarathustra*, Cambridge University Press, 1883, p7.

后 记

1.Blaise Pascal, *Pensées*, The Mystery of Jesus, 736 [89].

致 谢

在此,我衷心感谢:

——马丁·劳埃德-埃利奥特(Martin Lloyd-Elliott),是他鼓励我写此书,并给予了我坚定且慷慨的支持。

——詹姆斯·霍利斯,他最先激励我写书,他的智慧让我很受启发。

——坦普勒咨询公司的每一个人,能够每天与这样的梦之队共事,我深感荣幸。

——给予我无价的建议和反馈的朋友、亲戚、客户和同事:安蒂·伊尔马宁、马尔卡·纳普昌、凯瑟琳·格林、杰西卡·杰克逊、西蒙·伊格尔斯、迈克尔·奈普、怀利·奥沙利文、伊莎贝尔·比卡特、雷尼·凯罗布、葆拉·凯罗布、鲁思·戈茨、雨果·杰克逊、皮埃尔·摩根-戴维斯、詹姆斯·帕特里克、拉塞尔·罗斯-史密斯、约翰尼·瑞安、唐娜·菲斯凯托、阿德里安·马斯特罗西莫内、斯特凡·迪克鲁瓦泽、西里尔·贾曼、利奥·罗姆、丹妮拉·沙约、休·韦里尔、米基·马汉、莫妮可·维拉、安德烈亚·克拉赫特、尼尔·麦金农、苏珊·赫尔、维尔日妮·普埃托拉斯-辛、克洛艾·迪克鲁瓦泽-博伊托、妮古拉·福斯特、塞巴斯蒂安·德普雷、亚历山大·里厄尼耶、朱斯蒂娜·史密斯、安妮·朗菲尔德、瓦妮莎·加雷特、昆廷·贝斯纳德、蒂埃里·莫雷尔、达米安·亚历山大。

——我在柯蒂斯·布朗（Curtis Brown）文稿代理中心的经纪人凯瑟琳·萨默海斯（Cathryn Summerhayes）。

——我的出版商，沃特金斯出版社的乔·拉尔（Jo Lal）及其团队，特别感谢鲍勃·萨克斯顿（Bob Saxton）。

最后，我最想感谢我的父母，谨以此书表达我对他们深深的感激、爱和尊重。